붓
이야기

봇 Bots 이야기

소셜봇에서 생성형 AI까지

닉 모나코 Nick Monaco ·

새뮤얼 울리 Samuel Woolley 지음

전주범 옮김

한울
아카데미

BOTS (1st Edition)
by Nick Monaco and Samuel Woolley

차 례

헌사

/

이제 나는 내 삶에서 '봇'이라는 단어를 들어보지 못한 적이 있었다는 것이 믿기 어렵다. 지난 10년간의 연구와 학습은 짜릿한 여정이었으며, 그 길에서 만난 모든 훌륭한 분들에게 감사드린다. 특별히 의미 있는 순서는 아니지만, 팀 황Tim Hwang, 마리나 고비스Marina Gorbis, 존 켈리John Kelly, 블라디미르 바라시Vladimir Barash, 카밀 프랑수아Camille François, 필 하워드Phil Howard, 클린트 와츠Clint Watts, 마크 라우덴Mark Louden, 프리다 에코토Frieda Ekotto, 헬무트 퍼프Helmut Puff, 로만 그라프Roman Graf, 랠프 헤일리Ralph Hailey, 로즈마리 하트너Rosemarie Hartner, 초우 창옌Chou Changjen, 야오 위웬Yao Yuwen, 그리고 야울링Yauling과 조엘Joel의 지원, 지도, 그리고 격려에 대해 가슴속 깊이 감사를 드리고 싶다. 나는 여러 해에 걸쳐 함께 일해 온 모든 용기 있는 언론인, 활동가, 연구원, 특히 대만의 친구와 동료들에게서 지속적으로 영감을 얻고 있다. 당신들의 연구가 삶을 변화시킨다. 내 삶을 충만하게 만들고 항상 끊임없는 대화를 나눌 수 있게 해주는 내 친구 샘 C.Sam C., 네이트Nate, 어맨다Amanda, 아이크Ike, 앤지Anj, 실비아Sylvia, 췬Quin, 레나타Renata, 서맨사Samantha, 제이크Jake, 재키Jackie, 스카일러Skyler, 트레보Trevor, 제인Jane, 더그Doug에게 커다란 고마움을 느낀다. 공동 저자인 새뮤얼 울리Samuel Woolley는 훌륭한 친구이자 동료였다. 난 벌써부터 다음 프로젝트를 기대하고 있다. 마지막으로, 그리고 무엇보다도, 나의 멋진 가족들, 엄마, 아빠, 할머니, 마크, 벤, 브리트니, 프랭키, 로코, 베니, 머피, 앤디에게 고마움을 전한다. 당신들의 사랑 덕분에 지금의 내가 있다. 지구상에 이보다 더 좋은 가족은 없다.

닉Nick

항상 그리고 열정적으로 내 연구를 도와준 나의 가족에게 우선 그리고 가장 많이 감사드린다. 그들의 격려, 충고, 그리고 사랑이 없었다면 나는 이 일을 결코 할 수 없었을 것이다. 서맨사Samantha, 핍Pip, 엄마, 아빠, 올리버Oliver, 저스틴Justin, 대니엘라Daniela, 마누엘라Manuela, 바스켓Basket, 머틸다Mathilda, 밴조Banjo, 찰리Charlie, 그리고 울리Woolley, 도널드슨Donaldson, 루어Loor, 쇼리Shorey, 웨스트룬드Westlund, 그리고 조엔 가족에게 진정 고마움을 느낀다. 배움과 웃음을 준 내 모든 친구들, 특히 닉 모나코Nick Monaco에게 대단히 고맙다. 매일매일 즐거웠고 힘이 났다. 또한 내 연구팀, 프로파간다 연구실Propaganda Research Lab, 미디어 인게이지먼트 센터Center for Media Engagement의 연구원들, 저널리즘 미디어 학부School of Journalism and Media 및 커뮤니케이션 무디 학부Moody School of

Communication의 동료들에게도 감사드린다(이 모두는 텍사스대학교 오스틴에 있다). 마지막으로 진행 중인 내 연구를 지원하는 단체들, 특히 오미다르 네트워크Omidyar Network, 오픈 소사이어티 재단Open Society Foundations, 나이트 재단Knight Foundation에 감사를 전한다.

샘Sam

약어

AI	Artificial Intelligence	**인공지능**
ANT	Actor Network Theory	**행위자 네트워크 이론**
ASA	Automated Social Actors	**자동화된 사회적 행위자**
CUI	Conversational User Interface	**대화형 사용자 인터페이스**
GUI	Graphical User Interface	**그래픽 사용자 인터페이스**
GPU	Graphics Processing Unit	**그래픽 처리장치**
HCI	Human-Computer Interaction	**인간-컴퓨터 상호작용**
HMC	Human-Machine Communication	**인간-기계 커뮤니케이션**
IO	Information Operation	**정보 작전**
IRC	Internet Relay Chat	**인터넷 릴레이 챗**
ML	Machine Learning	**머신 러닝**
MT	Machine Translation	**기계 번역**
MUD	Multi-user domain, multi-user dungeon	**다중 사용자 도메인, 다중 사용자 던전**
NLP	Natural Language Processing	**자연어 처리**
RES	Robot Exclusion Standard	**로봇 배제 표준**
STS	Science, Technology, and Society study	**과학-기술-사회학**

01 봇이란 무엇인가

2020년 미국 대통령 선거는 미국 역사에서 가장 치열했던 선거 중 하나였다. 도널드 트럼프 대통령과 민주당 상대인 조 바이든은 둘 다 자신이 미국 민주주의의 미래를 위해 싸우고 있다고 주장했다. 그 선거에는 미국 민주주의 역사에서 거의 볼 수 없었던 몇 가지 사건이 있었다. 그것은 그 선거가 전 세계적인 팬데믹 상황 중에 치러졌다는 것, 시민들이 미국 의사당을 습격했다는 것, 현직 대통령이 자유롭고 공정한 선거의 결과를 뒤집으려 했다는 것이다. 하지만 전례 없던 사건들이 오프라인에서만 일어난 것은 아니었다. 트위터 또는 페이스북 같은 소셜 미디어 사이트에서 인간처럼 행동하는 소셜 봇 또는 컴퓨터 프로그램이 소셜 미디어 플랫폼에서 보안팀의 감시하에 정치적 메시지로 유권자들을 겨냥하기 위해 인공지능artificial intelligence(AI)을 이용하기 시작했다.

미국의 대표적인 봇 탐지 전문가 중 한 사람은 다음과 같이 직설적으로 인정했다.

> 2016년만 해도 봇은 탐지하기 쉬운 단순한 전략들을 사용했다. 그러나 지금은 인간과 유사한 언어를 생성하는 인공지능 도구들이 있다. 우리는 인공지능을 사용하는 봇을 인간의 계정과 구별할 수 없기 때문에 그러한 봇을 찾아낼 수 없다.(Guglielmi, 2020)

하지만 봇이 온라인에서 은밀하고 기만적인 활동만 수행한 것은 아니다. 바이든 선거 팀은 amplify.ai를 활용해 페이스북 메신저에서 사용자들과 상호작용하고 사용자가 투표하도록 독려하는 챗봇을 배포했다. 이 봇의 의도는 사람을 기만하는 것이 아니라서 질문을 받으면 자신은 인간이 아니라고 밝힐 정도였다. 이 봇은 오히려 인공지능 기술을 이용해서 투표 노력을 강화하기 위한 수단이었다. amplify.ai 봇은 선거일까지 3주일간 14개 주에서 바이든이 24만 명의 유권자들과 접촉하도록 하는 데 도움을 주었다(Dhapola, 2021; Disawar and Chang, 2021). 2020년 선거에서 봇이 보인 활동들은 기술의 양면성을 보여주었다. 봇이 사회에 '좋은 것'인지 '나쁜 것'인지는 봇이 어떻게 설계되고 이용되는지에 달려 있다.

최근까지 '봇'이라는 단어는 꽤 모호했으며, 학자들 간 학술의 난해한 논의에서, 그리고 컴퓨터 프로그래머들로 가득 찬 실리콘 밸리 회의실에서 주로 사용되었다. 물론 2020년이 미국 온라인의 정치적 논의에서 봇이 활발히 참여하면서 활용된 첫 해는 아니었다. 2016년 11월 미국 대선은 미국과 전 세계에 걸쳐 봇에게 누구나 알 만한 보편적인 이름을 붙여준 선거였다. 언론인들과 연구원들은 두 후보자[도널드 트럼프와 힐러리 클린턴_옮긴이]를 홍보하기 위해 대선에서 사용되고 있던 비밀스러운 자동화 기술에 대해 기록했다. 많은 사람들은 온라인상의 정치적 논의에서 상대편에 실제 인간이 없을 수도 있다는 것을 처음으로 깨달았다. 그것은 지구 다른 편의 스프레드시트에서 녹음된 것을 보내주는 소프트웨어일 수도 있었다. 이제 우리는 그 생각을 머릿속에서 지울 수 없을 것 같다. 오늘날 소셜 미디어 사용자들은 소셜 미디어상의 적대적인 논쟁자들에게 — 그것이 트롤이든, 허위정보 에이전트이든, 진짜 봇(자동화된 계정)이든 간에 — '봇'이라고 이름을 붙인다.

그러나 2016년 소셜 미디어 조작의 악명 높은 대명사가 되기 전에도 이미 봇은 컴퓨터 구조물과 인터넷의 중앙 인프라였다. 많은 봇은 무해하며, 인간들이 좋아하지 않고 속도가 빠르지 못한 단조로운 작업을 하기 위해 설계된다. 봇은 일상적인 유지 관리 업무를 수행한다. 봇은 구글, 빙Bing, 얀덱스Yandex 같은 검색 엔진의 근간이다. 봇은 서비스를 유지·관리하고 방대한 양의 온라인 정보를 수집·구성하고 분석을 수행하고 리마인더를 보내도록 돕는다. 봇은 대화방을 통제하고 사용자들이 잠잘 때 그 대화방을 계속 실행시킨다. 봇은 애플의 시리, 아마존의 알렉사, 마이크로소프트의 코르타나 같은 인공지능 비서에 등장하는 음성 기반 인터페이스를 지원한다. 봇은 온라인이나 전화로 인간을 대신해서 기본적인 고객 서비스를 수행한다. 봇은 주식 시장에서 증권 구매 및 거래에 대해 순식간에 결정을 내린다. 지금은 봇이 모든 투자 편드의 60% 이상을 관리하고 있다(Kolakowski, 2019). 비디오 게임에서는 인간 플레이어들과 대화하면서 이야기를 진전시키는 NPC(non-player character)라고 알려진 대화형 에이전트를 운영하기도 한다.

또 다른 봇들은 악의적이다. 이 봇들은 허위정보를 증폭시키고, 소셜 미디어에 불협화음을 심고, 외로운 사람들을 데이트 사이트로 유인하고, 순진한 피해자들에게 사기를 치고, 서비스 거부 사이버 공격을 조장하고, 자동화된 트래픽으로 웹사이트를 과부하시켜 웹사이트를 다운시킨다. 이 봇들은 존재한 적 없는 인간의 실제 얼굴처럼 보이는 '딥페이크deepfake'(인물 합성 기술)를 만들어서 웹에서 더 큰 사기성 활동의 첫 단계 역할을 한다(데이트 앱에서 사기에 이용할 가짜 계정을 만드는 활동 같은 것을 들 수 있다). 그 봇들은 유명인과 정치인의 인기를 인위적으로 부풀리는데, 이는 기업들이 불과 몇 달러에 수천 명의 가짜 온라인 팔로어들을 판매하기 때문이다(Confessore et al., 2018).

개발자의 프로그래밍에 따르는 에이전트로서 봇이 가진 용도와 '관심사'는 인간만큼이나 다양하다. 봇은 거의 모든 프로그래밍 언어로 작성될 수 있다. 봇은 원하는 주제와 개인에 대한 관련 정보를 찾기 위해 웹사이트에서 웹사이트로 이동할 수 있다. 봇은 페이스북, 인스타그램, 트위터, 레딧, 텔레그램, 유튜브 같은 거의 모든 최신 소셜 미디어 플랫폼에서 활발히 활동하고 있으며, 위키피디아 같은 다른 유명 사이트에서도 부지런히 활동하고 있다. 봇은 공식적인 고객 서비스 담당으로서 여러 사용자들과 상호작용을 할 수도 있고, 인간 사용자인 척하면서 채팅을 할 수도 있으며, 사용자와 웹사이트를 관찰하고 조용히 정보를 수집하면서 자신의 목적을 위해 게임 알고리즘을 사용하는 '디지털 벽걸이'처럼 배경에서 조용히 작동할 수도 있다.

이 책은 봇의 다양한 면에 관한 것이다. 즉, 봇이 무엇을 하는지, 왜 만들어졌는지, 누가 만들었는지, 세월에 걸쳐 어떻게 진화했는지, 그리고 어디를 향해 나아가는지에 관한 것이다. 이 장에서는 봇의 기원과 작동을 설명하기 위해 커뮤니케이션, 컴퓨터공학, 언어학, 정치학, 사회학 등 다양한 분야의 연구를 끌어올 것이다. 우리는 10년간의 현장 인터뷰, 정부·학계·민간 부문에서의 최고 수준의 실무 연구로부터 얻은 전문 지식을 바탕으로 기술적·사회적 세계에서의 봇의 역사와 발전에 대해 검토하려 한다.

봇이 최근 몇 년 사이 인터넷에서 등장했다고 생각하거나 봇의 활동이 정치적 해시태그로 트위터를 스팸하는 정도로 제한되어 있다고 생각하기 쉽지만, 이는 전혀 사실이 아니다. 봇의 역사는 현대 컴퓨터 기술의 역사만큼이나 길다. 봇은 인간 상호 간 대화를 원활하게 하고, 투표를 끌어냄으로써 또는 자원이 부족한 활동가들에게 자원을 채워줌으로써 정치적 소통을 향상시키고, 스팸 및 컴퓨터 선동을 통해 정치적 소통의 질을 저하시키고, 정형화된 법적 절차를 간소화하고, 현대 상거래 및 금융 거래의 근간을 형성한다. 봇은 또한 서로 상호작용해서 컴퓨터들이 서로 통신하게 만듦으로써 최신 웹이 원활하게 실행될 수 있도록 한다. 봇만큼 우리 삶에 깊게 그리고 조용하게 영향을 끼친 기술은 거의 없다. 이 책은 봇에 대한 이야기이자 봇이 기술뿐 아니라 사회도 어떻게 바꾸어놓았는지에 대한 이야기이다. 우리가 생각하고 말하고 서로 소통하는 방식은 모두 봇에 의해 완전히 바뀌었다.

우리는 독자들이 이 책을 통해 기술과 인간이 어떻게 서로 얽혀 정치, 사회생활, 그리고 상거래를 형성하는지 충분히 이해하게 되기를 바란다. 우리는 일곱 개의 장을 통해 이들 분야를 자세히 다룰 것이다. 이 장에서는 봇의 역사를 다루면서 다양한 유형의 봇을 정의한다. 2장에서는 이러한 컴퓨터 에이전트가 전 세계 디지털 사회에서 수행하는 역할을 탐구한다. 3장에서는 봇이 좋은 목적으로든 나쁜 목적으로든 정치적 소통에서 이용되어 온 다양한 방식에 대해 알아본다. 특히 지난 10년 동안 널리 퍼진 디지털 선거운동과 소셜 미디어 정치적 봇의 등장에 초점을 맞춘다. 4장에서는 금융, 고객 서비스, 그리고 마케팅에서 시간이 지남에 따라 자동화된 에이전트의 상업적 사용을 자세히 다루면서 민간 부문에서 봇이 수행하는 역할로 관심을 돌린다. 5장에서는 봇과 인공지능의 교차점을 살펴본다. 6장에서는 사회과학, 철학, 예술, 컴퓨터 과학을 바탕으로 학계에서 봇 이론이 발전해 온 역사를 추적한다. 이를 통해 봇이라는 개념이 오랜 시간 어떻게 진화해 왔는지 이해하고, 특히 정책, 윤리 및 연구의 질문과 관련된 봇의 미래를 고려한다. 마지막으로 봇의 미래에 대한 전망과, 미래의 봇을 만드는 연구자, 정책 수립가, 기술자들을 위한 핵심 제언으로 끝을 맺는다.

'봇'이라는 단어는 어디에서 유래했을까

봇bot은 '로봇robot'의 줄임말이다. 작업을 수행하면서 스스로 관리하는 기계라는 개념은 수백 년 동안 주변에서 존재해 왔다고 하지만(한 예로, 레오나르도 다빈치가 1479년에 설계한 로봇으로 추정되는 기계 기사mechanical knight를 들 수 있다), '로봇'이라는 단어는 1920년까지 만들어지지 않았다. '로봇'이라는 단어는 체코의 극작가이자 활동가인 카렐 차페크Karel Capek가 만든 〈로숨의 보편적 로봇Rossum's Universal Robots: RUR〉이라는 연극에서 처음 유래되었다. 극중에서 명목상 로봇은 영혼이 없는 인간 같은 기계 노동자로, R.U.R.사가 제조 속도와 수익성을 높이기 위해 생산하고 판매한다. 차페크는 자신의 형 조세프의 제안에 따라 이 기계들을 로보티roboti라고 불렀는데, 차페크의 형은 체코어 단어 로보트닉robotnik('강요된 일꾼')과 로보타robota('강요된 노동력, 강제 서비스')에서 이 용어를 따왔다(Flatow, 2011; Online Etymology Dictionary, n.d.). 로보타는 다른 현대 유럽 언어들 — 예를 들면 독일어의 아르바이트Arbeit('일') 같은 — 과 어원이 같다. 이들 어원의 본질에는 강제 노역, 심지어 노예 상태라는 개념이 내재되어 있는데, 로봇 또한 인간이 정해 준 과업을 수행하는 물체이다. 이 개념이 오늘날 온라인 영역에서 봇을 이해하는 데 핵심이다. 여기서 봇은 인간이 정한 일련의 명령을 수행하는 컴퓨터 프로그램이다. 봇 뒤에는 항상 인간 설계자가 있는 것이다.

'봇'이 '로봇'의 줄임말로 시작되었지만, 현대 인터넷 시대에서는 두 단어의 의미가 나뉘었다. 봇은 이제 주로 소프트웨어 프로그램을 가리키는 데 사용되며, 대부분 온라인에서 실행되고 디지털로만 존재한다. 이에 반해 로봇은 일반적으로 하드웨어의 형태로 물리적 실체를 갖춘 것으로 생각된다.

≪와이어드Wired≫의 기자 앤드루 레너드Andrew Leonard는 봇은 "기계 로봇의 소프트웨어 버전"이라면서, "봇의 물리적 실체는 실리콘 컴퓨터 칩을 통한 전류의 깜박임에 불과할 뿐"이라고 썼다(Leonard, 1997: 7~24). 오늘날 소셜 봇을 구현하는 것에는 트위터나 페이스북의 프로필 같은 시각적 존재가 포함되기도 하지만, 그 기능의 핵심은 봇의 행위를 지시하는 인간이 설계한 코드에 있다.

봇의 역사

많은 사람들은 스마트폰과 소셜 미디어가 놀라울 정도로 빠르게 보급되면서 최근에야 봇이 등장했다고 생각한다. 사실 봇이 주류 의식 속에 등장한 것은 비교적 최근이지만, 봇은 1960년대에 뿌리를 둔 컴퓨터 자체만큼이나 오래되었다. 하지만 봇이 정확하게 무엇인지에 대한 기준이나 일반적으로 수용되는 정의가 없기 때문에 봇의 역사를 추적하기는 어렵다. 실제로 봇 설계자들조차도 이 질문에 종종 동의하지 않는다. 우리는 데몬스daemons라고 불렸던 최초의 자동화 프로그램과 1960년대 말 탄생한 세계에서 가장 유명한 챗봇에 대해 논의하면서 이러한 역사를 시작하려 한다.

초기의 봇: 데몬스와 일라이자

데몬스 — 또는 컴퓨터를 지속적으로 작동시키고 중요한 작업을 수행하는 백그라운드 프로세스 — 는 최초의 자율 컴퓨터 프로그램 중 하나였다. 1963년 MIT 교수인 페르난도 코바토Fernando Corbato는 공유 컴퓨터인 IBM 7094를 사용해서 자신과 학생들의 시간과 노력을 절약하는 방법으로 데몬스를 창안했다. 이 프로그램들을 봇이라고 간주할 수 있는지 여부는 논쟁의 여지가 있지만(그것은 봇을 어떻게 정의하느냐에 달려 있다), 이들 프로그램의 자율성은 발전된 봇의 선구자로서 주목할 만하다(Mckelby, 2018).

좀 더 알아보기 쉬운 봇은 겨우 3년 후에 등장했다. 1966년 또 다른 MIT 교수 요제프 바이첸바움Joseph Weizenbaum은 일라이자(ELIZA)를 프로그래밍했는데, 이것은 최초의 (그리고 가장 유명한) 챗봇[1]이자 '이 분야 역사상 가장 중요한 챗봇 대화 시스템'이라고 주장할 만하다(Jurafsky and Martin, 2018: 425). 일라이자는 몇 가지 '스크립트'를 갖고 있는 대화형 컴퓨터 프로그램이었다. 그중 가장 유명한 것은 닥터DOCTOR 스크립트였는데, 이 스크립트는 치료사를 흉내 내면서 사용자들의 기분에 대해 얘기를 나누고 그들 자신에 대해 더 많이 얘기하도록 요청했다. 챗봇은 기본 키워드 탐지, 패턴 매칭,[2] 그리고 녹음된 응답들의 조합을 사용해 더 많은 정보를 요청하거나 주제를 전략적으로 바꾸기도 하면서 사용자에게 대응했다(Weisenbaum, 1966). 이 프로그램은 비교적 단순해서 코드가 겨우 240줄뿐이었지만 사용자들로부터 끌어내는 반응은 깊이가 있었다. 처음 이용하는 많은 사람들은 자신이 터미널 반대쪽에 있는 인간과 이야기하고 있다고 믿었다(Leonard, 1997: 52). 사용자들에게 그들이 컴퓨터 프로그램과 대화하고 있다고 이야기해도 많은 이들은 자신이 사람과 대화한 것이 아니라는 사실을 믿지 않으려고 했다(Deryugina, 2010). 1971년에 개최된 초기 인터넷의 최초 공개 시범 행사(ARPANET)에서 사람들은 일라이자와 이야기해 보려고 컴퓨터 앞에 줄을 섰다.

일라이자는 사람들의 마음과 상상력을 사로잡았다. 바이첸바움이 자신의 비서를 대상으로 일라이자를 처음 테스트했을 때, 비서가 일라이자와 좀 더 사적인 대화를 나눌 수 있도록 바이첸바움에게 방에서 나가달라고 요청했다는 유명한 일화도 있다(Hall, 2019).

바이첸바움은 인간과 컴퓨터 간의 상호작용이 얼마나 겉핥기식인지를 보여주기 위해 봇을 설계했던 것인데, 이 같은 역설적인 현상에 당황했다.

> 나는 닥터와 이야기를 나누는 사람들이 얼마나 빨리 그리고 얼마나 깊이 컴퓨터와 감정적으로 엮이는지, 그리고 얼마나 명백하게 컴퓨터를 의인화하는지를 보고 놀랐다. [바이첸바움은 수년 후에 적었다.] 내가 몰랐던 것은 비교적 단순한 프로그램에 아주 짧게 노출되더라도 아주 정상적인 사람에게 강렬한 망상을 불러올 수 있다는 것이다.(Weizenbaum,

1976: 6~7)

이런 반응은 '일라이자 효과'라고 부를 정도로 충분히 주목할 만한 것으로, 이것은 인간이 자신의 감정이나 인간성을 자신과 교류하는 기계적 또는 전자적 에이전트에게 귀속시키는 경향을 뜻한다(Hofstadter, 1995: 157).

봇과 초기 인터넷: 유즈넷에서의 인프라적 역할

다른 초기 봇들은 일라이자 같은 매력이 없었다. 1970~1980년대 대부분 동안 봇은 초기 온라인 환경에서 대체로 평범하지만 중요한 기본적인 역할을 했다. 봇에게는 종종 인간-컴퓨터 상호작용(HCI)에서 연결 조직 역할을 하는 '인프라적' 역할[3]이 주어졌다. 여기에서 봇은 일상적인 작업을 더 쉽게 만드는, 인간과 컴퓨터 사이의 보이지 않는 매개자 역할을 한다. 백그라운드 프로세스를 실행하거나 대화방을 열어두는 것 같은 지루한 작업은 봇이 수행하므로 우리는 그런 작업을 할 필요가 없다. 봇은 또한 무질서하거나 비정형적이거나 혼란스러운 네트워크로부터 뭔가를 찾아내는 데 활용된다. 봇은 비정형적인 네트워크를 통과해서 이동하면서, 인터넷처럼 끊임없이 진화하는 네트워크의 지도(그리고 따라서 이해)를 구축한다.

1970년 후반부터 시작된 제한적인 초기의 온라인 환경은 여러 중요한 배아기 봇의 본산으로, 이는 현대판 봇의 기초를 만들었다. 초기 인터넷은 주로 제한된 수의 학술 기관과 정부 기관에서만 접속 가능했다(Ceruzzi, 2012; Isaacson, 2014: 217~261). 초기 인터넷은 지금과 매우 다르게 보였는데, 적은 양의 데이터만 보낼 수 있는 제한된 수의 네트워크 컴퓨터로 구성되었고, 그래픽 사용자 인터페이스graphical user interfaces(GUI)나 화려한 영상도 없었다. 대부분의 경우 데이터는 텍스트 기반이었고, 프로토콜(컴퓨터가 다른 컴퓨터들과 정보를 교환하기 위해 사용하는 표준 및 언어)을 사용해서 통신 목적의 네트워크를 통해 전송되었다. 프로토콜은 그때나 지금이나 컴퓨터 간 통신의 핵심이다. 예를 들어, FTP(파일 전송 프로토콜)라는 미리 정의된 명령 집합을 이용해 한 컴퓨터에서 다른 컴퓨터로 파일을 보내는데, 이를 위해서는 보내는 컴퓨터와 수신하는 컴퓨터 모두 FTP를 이해해야 한다(요즘에는 모든 컴퓨터가 FTP를 이해한다).

현대 인터넷에서 가장 널리 쓰이고 있고 잘 알려진 또 다른 프로토콜 중 하나는 HTTP(hypertext transfer protocol)이다. HTTP는 1989년 팀 버너스-리Tim Berners-Lee가 개발했는데, 그는 HTTP를 월드 와이드 웹World Wide Web 개발의 기반으로 사용했다. HTTP와 월드 와이드 웹이 거의 보편화되기 전인 1990년대에는 컴퓨터들이 온라인에서 서로 통신할 때 유즈넷Usenet, 인터넷 릴레이 챗Internet Relay Chat(IRC)을 포함해 서로 다른 프로토콜을 사용했다.[4] 초기 온라인 연결 포럼인 유즈넷과 IRC는 오늘날에도 존재하고 있으며, 둘 다 봇 개발을 촉진하는 데 중요한 역할을 했다. 유즈넷과 IRC는 봇 개발자와 그들의 창작물을 위한 초기 번식 기반이었다.

유즈넷은 최초로 널리 사용된 전자 게시판 서비스bulletin board service였다(종종 간단하게 'BBS'라고 쓴다). 1979년에 듀크대학교와 노스캐롤라이나대학교의 컴퓨터공학 대학원 학생들이 개발한 유즈넷은 원래 컴퓨터 애호가들이 프로그래머들 사이에서 인기 있던 컴퓨터 운영 체제인 유닉스Unix에 대해 논의하기 위해 발명한 것이었다. 사용자들은 자신의 컴퓨터를 전화선을 통해 서로 연결해서 '뉴스 그룹'이라는 전용 포럼에서 정보를 교환할 수 있었다. 사용자들은 또한 '뉴스 서버'를 실행하는 것으로 알려진 활동을 호스트하기 위해 자신의 컴퓨터를 사용할 수도 있었다. 많은 사용자들이 분산된 서비스에 활발하게 참여하면서 호스팅했고, 이것은 많은 이들에게 플랫폼이 어떻게 작동하고 개선될 수 있는지에 대해 생각하게 만드는 동기를 부여했다.

이런 환경하에 최초의 온라인 봇, 즉 유즈넷을 유지 관리하고 조정하는 데 도움을 주는 자동화 프로그램이 만들어졌다. 앤드루 레너드Andrew Leonard가 설명하듯이 "유즈넷의 최초의 봇 원형은 유즈넷을 원활하게 운영하는 데 필요한 유지 관리 도구였다. 그 원형은 인간 관리자를 위한 사이보그 확장판이었다"(Leonard, 1997: 157). 특히 초기에 봇은 주로 두 가지 역할을 수행했다. 하나는 콘텐츠를 게시하는 것이었고, 다른 하나는 콘텐츠를 삭제하는 것(또는 유즈넷에서 종종 불렸던 대로 '취소하는 것')이었다(Leonard, 1996). 실제로 유즈넷의 '취소봇cancelbot'은 거의 틀림없는 최초의 정치 봇이었다. 취소봇은 사용자가 자신의 게시물을 삭제할 수 있게 해주는 유즈넷의 기능이었다. 사용자가 자신이 게시했던 내용을 취소하기로 결정하면 그 사용자는 취소봇을 이용해 게시물에 표시를 할 수 있었는데, 그것은 모든 유즈넷 서버에 콘텐츠를 제거하도록 메시지를 보내는 간단한 프로그램이다. 리처드 드퓨Richard Depew는 ARMM(Automated Retroactive Minimal Moderation)이라고 알려진 최초의 유즈넷 취소봇을 작성했다(Leonard, 1997: 161).

취소봇의 기능은 게시자가 자신의 콘텐츠를 삭제할 수 있게 하는 것이었지만, 약간의 기술적 요령만 알면 아이디를 도용해 다른 사람의 콘텐츠도 삭제할 수 있었다. 이것이 의미하는 바는, 사실상 봇은 웹에서 콘텐츠를 삭제함으로써 다른 사용자를 검열하는 데 사용될 수 있다는 것이다. 이 같은 비밀이 알려지자 사용자들과 기관들은 다른 사용자의 게시물들을 삭제하기 시작했다. 예를 들어 캔슬버니CancelBunny라고 불리는 봇은 유즈넷에 게시된 사이엔톨로지 교회Church of Scientology와 관련된 언급들이 저작권을 침해했다고 주장하면서 그 언급들을 삭제하기 시작했다. 교회의 한 대표는 "넷에서 유해 자료를 제거하기 위해" 기술자들과 접촉했으며 디지털 조사팀이 사이엔톨로지스트 유즈넷 계정으로 취소봇을 추적했다고 말했다(Grossman, 1995). 이 사건은 유즈넷 마니아들의 분노를 샀으며, cDc(Cult of Dead Cow) 같은 해커들은 이 사건을 유즈넷의 자유정신에 반하는 자동화된 검열 시도라고 느껴 교회를 상대로 온라인 '전쟁'을 선언하기에 이르렀다(Swamp Ratte, 1995). 오클라호마에 사는 사용자가 만든 '어택attack'이라는 악의적인 또 다른 취소봇은 유즈넷에서 2만 5536개의 메시지를 삭제했다(Woodford, 2005: 135). 일부 현대 정부들 역시 이러한 취소봇 및 어노이봇annoybot과 비슷한 방식 및 목적으로 자동 장치를 이용한다. 즉, 특정 메시지의 가시성에 영향을 미치거나 온라인 발언을 간접적으로 검열하기 위해 자동 장치를 이용하는 것이다(M. Roberts, 2020; Stukal et al., 2020).

유즈넷의 또 다른 말 많은 계정인 세다르 아르직Sedar Argic은 수십 개의 뉴스 그룹에 놀랄 만한 빈도와 양으로 정치적 글을 게재했다. 이들 게시물은 20세기 초 아르메니아 대량 학살에서 튀르키예가 수행한 역할에 의문을 던지면서 아르메니아 사용자들을 비난했다. 유즈넷 마니아들은 오늘날에도 아르직의 게시물들이 실제로 자동화된 것인지 여부에 대해 논쟁을 벌이고 있지만, 대량의 게시물과 모든 문장(심지어 음식을 언급하는 게시물에서도)에서 '튀르키예' 같은 키워드에 대해 준비된 답변은 자동화를 지향하는 것처럼 보인다.

시간이 지남에 따라 더욱 발전된 소셜 유즈넷 봇들이 등장하기 시작했다. 그러한 봇 중 하나는 두 명의 벨 랩Bell Labs 연구원이 설계한 마크 V. 섀니Mark V. Shaney로, 직접 게시물을 만들고 인간 사용자와 대화하는 봇이다. 섀니는 확률적 언어 생성 알고리즘인 마르코프 체인Markov Chains을 사용했는데, 이 알고리즘은 어떤 단어가 그전의 단어들을 따를 가능성이 가장 높은지에 근거해 문장을 만드는 것이다. 마크 V. 섀니라는 이름은 실제로 마르코프 체인이라는 용어에 대한 하나의 말장난이었다(Leonard, 1997: 49). 마르코프 체인의 확률적 기술은 오늘날 현대 자연어 처리Natural Language Processing(NLP) 앱에서 여전히 널리 이용되고 있다(Jurafsky and Martin, 2018: 157~160; Markov, 1913).

IRC에서 봇이 확산되다

유즈넷과 마찬가지로 IRC(Internet Relay Chat)는 봇 개발에 가장 중요한 초기 환경 중 하나였다. IRC는 초기 대화방으로, 사용자들이 상호 연결되어 이야기를 나누고 온라인으로 파일을 나눌 수 있는 곳이었다. IRC는 유즈넷이 처음 등장하고 나서 9년 후인 1988년에 등장했으며, 핀란드 컴퓨터 개발자 야르코 오이카리넨Jarkko Oikarinen이 코딩했다. 오이카리넨은 코드를 오픈소스로 만들어 기술적 노하우와 IRC 서버를 호스트하고자 하는 사람이라면 누구든지 사용할 수 있게 했다. 코드와 함께 오이카리넨은 IRC 채널들 안에서 서비스를 제공하는 데 도움이 될 수 있는 '오토마톤automaton' 또는 자동화된 에이전트를 구축하기 위한 안내서도 포함시켰다(Leonard, 1977: 62~63).

IRC에서 봇이 활용되고 진화되는 경로는 유즈넷과 비슷하다. 우선 봇은 인프라 역할을 했다. 그런 다음 기술적으로 정통한 사용자들은 재미를 위해 자신만의 봇을 만들어 즐기기 시작했고, 악의적인 사용자들은 봇을 파괴적인 도구로 이용하기 시작했다. 이에 대응해서 커뮤니티의 서버 운영진과 화이트 햇white-hat(착한) 봇 개발자들은 봇 문제를 해결하기 위해 새로운 봇을 만들었다(Leonard, 1997; Ohno, 2018).

유즈넷에서처럼 IRC 채널의 초기 봇들은 인프라 역할을 하면서 기본적인 일상 유지 관리 업무를 도왔다. 예를 들어, IRC의 초기 설계에서는 다른 사람이 합류할 수 있으려면 적어도 한 명의 인간 사용자가 서버(종종 '채널'이라고 부른다)에 로그인해야 했다. 서버에 로그인한 사용자가 전혀 없으면 서버가 닫히고 존재하지 않게 된다. 결국 이 문제를 해결하기 위해 '에그드롭Eggdrop' 봇이 만들어졌다. 사용자는 이 봇을 배치해서 IRC 서버에 항상 로그인되어 있도록 유지하고 다른 모든 인간 사용자가 로그아웃한 경우(예를 들면, 밤에 잠을 잘 때)에도 채널을 열어둔다. 봇은 IRC 프레임워크에서 쉽게 만들 수 있었다. 따라서 사용자들은 곧 다른 목적을 지닌 다른 봇들, 예를 들면 채팅에서 새로운 사람에게 인사하는 봇, 오타를 점검하는 봇, 사용자가 IRC에서 제퍼디Jeopardy 또는 헌트 더 웜퍼스Hunt the Wumpus 같은 게임을 하도록 인터페이스를 허용하는 봇을 설계하기 시작했다.

IRC에서 봇을 개발하는 용이성과 많은 초기 사용자들의 기술적 능력을 전제로 할 때 이 환경은 봇 진화에 있어 완벽한 인큐베이터였다. 좋은 봇과 나쁜 봇이 그 후 확산되었다. 예를 들어, 에그드롭 봇은 인간 사용자가 누구도 로그인하지 않았을 때 IRC 채널을 열어둘 뿐만 아니라 IRC 채널 허가를 관리하면서 더 유용해졌다. 악의적인 측면에서는, 주로 집단으로 움직이는 해커와 말썽쟁이들이 콜라이드봇collidebot과 클론봇clonebot을 이용해 인간 사용자를 차단하고 IRC 채널을 가로챘다. 그리고 어노이봇을 이용해 채널에 텍스트를 쏟아내어 정상적인 대화를 불가능하게 만들었다(Abu Rajab et al., 2006; Leonard, 1997). 이에 대응해 다른 사용자들은 어노이봇으로부터 IRC 채널을 보호하기 위해 채널 보호 봇을 설계했다. IRC에서 봇은 영웅적인 조력자이거나 해커 악당이었다. 즉, 양쪽의 역할을 모두 수행하는 디지털 로키스Lokis였다. 봇의 이러한 양면적 성격은 레딧Reddit 같은 현대 인터넷 플랫폼에서도 지속되고 있으며, 플랫폼에서 유용한 역할과 경쟁적인 역할을 모두 수행한다(Massanari, 2016).

MUD 환경에서의 봇 그리고 온라인 게임

유즈넷과 IRC 외에 컴퓨터 게임도 초기 봇 개발의 온상이었다. 1979년부터 챗봇은 MUD['multi-user domain(다중 사용자 도메인)' 또는 'multi-user dungeon(다중 사용자 던전)']라는 온라인 게임 환경에서 비교적 인기가 있었다. MUD는 복수의 사용자가 하나의 웹사이트에 동시에 로그인해서 같은 게임을 할 수 있다는 점에서 이름을 따왔다. 콘솔 게임과 달리 MUD는 텍스트 기반이고 그래픽이 전혀 없었다.[5] 따라서 초기 컴퓨터의 제한된 메모리와 처리 능력을 감안하면 봇의 상호 활동에 이상적인 환경이었다. 이 게임들은 참가자에게 필요한 정보와 서비스를 제공하면서 게임 진행을 돕는 자동화된 NPC를 갖고 있는 경우가 많았다. MUD는 1990년대까지 인기를 유지했는데, 장르가 무르익으면서 사용자들은 점점 더 자신의 봇을 프로그래밍해서 가지치기를 했다(Abokhodair et al., 2015; Leonard, 1997).

1960년대의 원조 챗봇인 일라이자는 대부분의 MUD 챗봇의 원형이자 영감을 주는 역할을 했다. MUD 봇 가운데 1990년대에 큰 성공을 거둔 것 중 하나는 줄리아Julia라는 챗봇이었다. 줄리아는 카네기 멜론 대학교의 대학원생 마이클 '퍼지' 멀딘Michael "Fuzzy" Mauldin이 타이니머드(TinyMUD) 환경용으로 만든 마스 네오텍Mass-Neotek 계열이라고 부르는 봇 제품군 중 하나였다. 일라이자의 코드에 기반한 챗봇인 줄리아는 MUD 마니아들에게 마스 네오텍에 공개되어 있는 코드를 기반으로 자신의 봇을 변형해 보도록 하는 데 영감을 주었다(Foner, 1993; Julia's Home Page, 1994; Leonard, 1997: 40~42). 봇은 타이니머드에서 수가 많아졌는데 ― 한때 가상 도시 PointMOOT를 시뮬레이션했던 인기 있는 타이니머드 게임에서는 인구의 50% 이상이 봇이었다(Leonard, 1996) ―, 이것은 플레이어와 개발자 양쪽 모두에게 매력적인 핵심 요소였다.

봇과 월드 와이드 웹

우리가 보았듯이 유즈넷, IRC, MUD 같은 초기 인터넷 환경은 1970년대부터 1990년대까지 봇의 진화를 주도한 봇 개발의 첫 번째 물결이었다. 봇 진전의 다음 단계는 1991년 월드 와이드 웹의 등장과 함께 시작되었다.

웹 색인 봇, 크롤러

월드 와이드 웹은 1990년대 초 널리 보급되었고, 사용자가 점점 더 많아짐에 따라 급격하게 복잡해지고 어려워졌다. 점차 사람들은 인간이 쉽게 다루기에는 웹에 너무 많은 정보가 있다는 것을 깨닫기 시작했다. 컴퓨터 연구의 최전선에 있는 회사와 연구원들에게는 사람들이 방대한 웹을 이해하는 데 도움을 주는 도구를 개발해야 한다는 것이 자명해졌다. 봇은 이런 공간을 채우면서, 인간과 인터넷 간의 중개자로서의 새로운 인프라적 역할을 담당했다. 웹페이지 사이를 이동하면서 콘텐츠를 쉽게 찾아볼 수 있도록 분석 정리하는 컴퓨터 프로그램이 개발되었다. 이들 봇은 '크롤러crawler' 또는 '스파이더spider'라고 불리는데,[6] 그 이유는 그 봇들이 정보를 모으기 위해 웹을 '기기crawl' 때문이었다. 봇이 인터넷 사이트를 방문해서 콘텐츠를 메모하지 않으면 인간은 어떤 웹사이트가 온라인 상태인지를 알 수 없다. 이 사실은 그때나 오늘날에나 마찬가지이다.

크롤러를 구성하는 기본 논리는 아주 단순하다. 기본적으로 웹사이트는 텍스트 파일이다. 이러한 텍스트 파일은 모든 웹사이트의 주된 기본 언어인 HTML(hypertext markup language)이라는 표준화된 형식을 이용해 작성된다.[7] HTML 문서는 HTTP 호출로 접속할 수 있다. 사용자는 웹페이지의 URL을 브라우저에 입력하고 엔터를 누를 때마다, 또는 인터넷의 링크를 클릭할 때마다 HTTP 호출을 한다. 월드 와이드 웹을 HTML 페이지의 네트워크로 존재할 수 있게 하는 HTML의 핵심 기능 중 하나는 외부 문서에 대한 하이퍼텍스트 또는 '링크'를 웹페이지 안에 심는 기능이다. 크롤러 봇은 HTTP 호출을 통해 웹사이트에 접속하고, 웹사이트의 HTML 코드에 심어져 있는 하이퍼링크를 수집한 다음, 또 다른 HTTP 호출을 이용해 해당 하이퍼링크를 방문하는 방식으로 작동한다. 이런 과정이 웹 콘텐츠를 그리며 찾아보기 위해 계속해서 반복된다. 그 과정에서 크롤러 봇은 모든 웹사이트 아래에 있는

HTML을 다운로드하거나 이들 사이트와 관련된 사실(예를 들면, 그 사이트가 언론 매체로 표시되는지 전자 상거래 사이트로 표시되는지)을 실시간으로 처리하도록 프로그래밍할 수 있다.

처음에는 이러한 봇이 웹을 기면서 방문한 모든 URL을 기록해서 이 정보를 '웹 디렉토리' ─ 사용자가 웹에 어떤 웹사이트가 있는지 그리고 그 사이트가 무엇에 관한 것인지 알기 위해 방문할 수 있는 곳 ─ 라고 알려진 데이터베이스로 만들었다. 광고업자와 투자자들은 인터넷이 계속 성장함에 따라 얼마나 많은 사람들이 매일 인터넷을 보게 될지를 깨닫고는 이들 초기 검색 엔진에 자금을 쏟아부었다(Leonard, 1996).

결국에는 구글이 웹 탐색에서 지배적인 검색 엔진이 되었지만, 1990년대에는 웹 색인을 만드는 데 봇을 이용하는 기업 및 검색 엔진 신생기업이 다수 생겨났다. 그중 최초는 1993년 매슈 그레이Matthew Grey의 월드 와이드 웹 원더러World Wide Web Wanderer였다. 그다음 해에는 브라이언 핑커튼Brian Pinkerton이 웹크롤러WebCrawler를, 마이클 멀딘Michael Mauldin이 라이코스Lycos('wolf spider'의 라틴어)를 만들었는데, 둘 다 월드 와이드 웹 원더러보다 훨씬 강력한 스파이더였다. 알타비스타 그리고 (후에) 구글 같은 다른 검색 엔진 역시 검색하고[8] 웹에서 정보를 조직하는 기술을 완벽하게 하기 위해 봇을 활용했다[9](Indiana University Knowledge Base, 2020; Leonard, 1997: 121~124). 색인 가능한 인터넷 ─ 즉, 크롤러 봇이 직접 방문해서 검색 엔진 결과에 올릴 수 있도록 월드 와이드 웹에서 공개적으로 사용할 수 있는 웹사이트 ─ 은 '클리어 웹Clear Web'이라고 한다.[10]

스팸 봇, 그리고 로봇 배제 표준의 발전

우리는 봇이 좋은 목적과 나쁜 목적 양쪽 모두에서 이용될 수 있다는 것을 이미 보았다. 월드 와이드 웹 봇 역시 다르지 않았다. 원래 봇은 월드 와이드 웹에서 방대한 양의 정보를 구성하고 트롤링*하는 문제에 대한 해답으로 이용되었으나, 곧 보다 기만적인 목적에 더 많이 적용되었다. 1990년대가 지나면서 월드 와이드 웹(그리고 유즈넷, IRC 같은 다른 온라인 커뮤니티)이 계속 성장함에 따라 기업적 기술자들은 터미널의 반대편에 본인의 의지와 상관없이 정보를 발송할 수 있는 포로와도 같은 청중이 있다는 것을 알아차렸다. 이러한 직관은 스팸 봇의 탄생을 이끌었다. 스팸 봇은 상품과 광고를 대규모로 홍보하는 온라인 자동화 도구이다.

최초의 스팸 봇 중 하나는 유즈넷에 있었다. 1994년 4월 로런스 캔터Laurence Canter와 마사 시걸Martha Siegel이라는 두 명의 변호사는 자신들의 로펌이 미국 영주권 복권을 지원한다는 사실을 광고하기 위해 한 프로그래머와 계약했다. 그 프로그래머는 가능한 한 많은 사용자에게 도달하기 위해 자동화를 이용하기로 결정했다. 현대 인터넷에서 최초의 스팸 봇으로 간주되는 그의 봇은 90분 이내에 6000개의 뉴스 그룹에 광고를 게재했다. 이 사건은 유즈넷 커뮤니티에서 아주 강한 반감을 이끌어냈는데, 한 사용자는 대상 뉴스 그룹에서 스팸 봇의 게시물

---

* 콘텐츠를 소비하는 사람들에게 불쾌하거나 자극적인 내용을 올리는 것_옮긴이

을 모두 없애는 취소봇을 만들기도 했다(Leonard, 1997: 165~167).

유즈넷은 인터넷 전반에서, 특히 이메일에서 널리 퍼진 스팸 봇 무리의 선구자 격이었다(Ohno, 2018). 1990년대 말 유즈넷 뉴스 그룹과 IRC 서버에서의 봇 전쟁 같은 사건은 봇이 인터넷상에서 긍정적인 요소이기만 한 것은 아니라는 것을 분명히 보여주었다. 봇의 부정적인 용도(예를 들면, 스팸 유포, 서버 손상, 인간에 대한 콘텐츠 및 서비스 거부, 관련 없는 콘텐츠 대량 게시 등)는 막대한 해악을 쉽게 끼칠 수 있다. 아마도 가장 심각한 것은 개인 정보나 민감한 정보를 모으려고 웹사이트를 크롤링하는 일일 것이다.

민감한 웹사이트를 크롤링하는 봇의 문제를 해결하기 위해서 네덜란드의 기술자 마르테인 코스터르martijn koster가 로봇 배제 기준Robot Exclusion Standard(RES)을 개발했다[11](Koster, 1994, 1996). 로봇 배제 기준은 '들어오지 마시오'라는 디지털 신호로 작동하는 간단한 규약이다. 인터넷상의 모든 활성 도메인은 봇이 접속할 수 있는 콘텐츠를 설명하는 'robots.txt' 파일을 가지고 있다. 일부 사이트는 봇이 자신의 도메인의 모든 부분을 접속하도록 허용하고, 다른 사이트는 일부만 접속하도록 허용하며, 또 다른 사이트는 봇이 전혀 접속하지 못하게 한다. 모든 사이트의 robots.txt 파일은 웹사이트를 방문해 URL의 끝에 '/robots.txt'를 입력하면 찾을 수 있다. 예를 들어 페이스북의 크롤러 봇에 대한 지시사항은 facebook.com/robots.txt에서 접속할 수 있다. 예상하듯이, 이 파일은 페이스북 플랫폼에서 거의 모든 형태의 크롤링을 허용하지 않는다. 그렇게 하는 것은 사용자의 개인정보뿐만 아니라 플랫폼의 서비스 조건도 침해하기 때문이다.

1990년대 말에는 이러한 기준을 따르는 척하지만 틀림없이 그 기준의 의도를 어기는 것으로 보이는, 그리고 자랑스럽게 이러한 기준을 무시하는 논란 많고 세간의 이목을 끄는 봇들이 등장했다. 1996년에 만들어진 일종의 크롤러인 로버봇Roverbot은 이런 논란이 된 봇 중 하나였다. 로버봇은 미리 지정된 주제와 관련된 웹사이트들을 검색하고 여기에서 이메일 주소를 모으는 크롤러였다. 로버봇을 만든 회사는 이 이메일 주소들을 고객들에게 유료로 팔았는데, 고객들은 이메일 주소를 스팸 광고용으로 이용했다. 물론 로버봇을 폄하하는 사람들이 있었지만, 로버봇을 만든 회사는 웹을 스크랩하면서 RES 같은 규칙을 따랐다고 주장했다.

다른 스팸 봇들은 법조항도 따르지 않았다. 예를 들어, 액티브에이전트ActiveAgent라고 알려진 봇은 RES를 완전히 무시하고 서버 접속에 대한 사이트의 정책에 관계없이 이메일 주소를 찾기 위해 보이는 모든 웹사이트들을 훑고 다녔다. 그런데 액티브에이전트 배후의 익명의 개발자는 다른 사업 모델을 갖고 있었다. 수집한 이메일 주소를 판매하는 대신 원하는 스팸업자에게 100달러를 받고 소스 코드를 팔았다. 구매자들은 이 코드를 자신의 목적에 맞게 수정해서 자신이 원하는 메시지나 상품을 스팸 이메일로 보낼 수 있었다(Leonard, 1997: 140~144). 액티브에이전트의 배후에 있는 사람들 같은 악의적인 개발자들 때문에 웹이 성장함에 따라 새로운 스팸 기술이 금방 확산되었다. 오늘날에도 스팸 봇과 스팸 기술은 여전히 진화하면서 번성하고 있다. 추정치는 매우 다양하지만, 일부 회사는 2020년 10월 기준 전체 이메일의 84%가 스팸이라고 추산하고 있다(Cisco Talos Intelligence, 2020).

분명 RES는 온라인에서 크롤러의 활동을 멈추게 하는 절대적인 방법이 아니다. RES는 봇 개발자들의 선의를 전제로 하는 명예 시스템으로, 봇 개발자들은 모든 봇이 규약을 존중하고 이러한 가치를 봇 프로그래밍에 인코딩하도록 적극적으로 결정해야 한다. 이러한 결함에도 불구하고 RES는 온라인에서 성공을 거두었고 그런 이유 때문에 오늘날까지 계속 온라인 봇 거버넌스의 기반이 되고 있다. RES는 봇 설계자들이 사이트의 서비스 규약 및 법률을 위반하고 있는지를 알게 해주는 효율적인 방법이다.

소셜 미디어와 소셜 봇의 여명

소셜 미디어는 2000년대 말에 봇의 진화를 과열시켰다. 이 시기 동안 광대역 인터넷 비용이 하락하면서 연결성이 증가했으며, 컴퓨팅 능력은 성장했다. 점점 더 많은 사람들이 더 많은 시간을 소셜 미디어에 소비하면서 자신만의 콘텐츠를 만들어내기 시작했다. 전체 웹이 진화함에 따라 느리고 기업 주도의 불안정했던 환경에서 더 매끄럽고 날렵하며 사용자가 만든 콘텐츠가 전면에 등장하는 소비자 친화적인 환경으로 옮겨갔다. 이 새로운 사용자 중심 버전의 인터넷은 '웹2.0'이라고 알려지게 되었다(O'Reilley, 2005).

사용자 친화적이고 사용자 중심적인 웹2.0 또한 그것만의 문제를 갖고 있었다. 광고주들이 1990년대에 월드 와이드 웹이 새로운 혁명적인 마케팅(때로는 스팸) 기회라는 것을 깨달았던 것처럼, 2000년대에 정부와 활동가들은 웹의 새로운 환생이 정치적 메시지를 퍼뜨리는 강력한 장소라는 것을 깨닫기 시작했던 것이다. 이런 환경에서 정치적 봇, 엉터리 시민운동, 컴퓨터 선전이 빠르게 확산되었지만 대중이 이를 인식하는 데에는 수십 년이 걸릴 것이었다(Zi et al., 2010). 이들의 역학 관계에 대해서는 정치 봇과 상거래 봇을 다루는 장에서 더 자세히 살필 것이다.

어떤 경우에도, 봇의 혁신을 반기는 온라인 환경 – 유즈넷, IRC, 또는 1980년대 말과 1990년대 초의 MUD 게이밍 플랫폼, 또는 세기말의 트위터 같은 – 은 지속적으로 봇 진화를 추동하는 강한 원동력이 되어왔다. 이런 환경의 설계, 즉 플랫폼 아키텍처라고 불리는 것은 봇에 대한 정책만큼이나 중요하다. MUD 게이밍 환경에서 사용자는 게임 속 봇 캐릭터들을 만들기 위해 코드에 쉽게 접속하고 수정할 수 있었다. IRC와 유즈넷에서는 봇이 플랫폼과 소통하는 필수 인프라 부분이었고 사용자는 종종 자신만의 봇을 만드는 것을 즐겼다. 마찬가지로 2000년대 초 출시된 세컨드 라이프Second Life 같은 가상 세계는 일반 사용자가 봇 개발에 더 쉽게 접근할 수 있도록 설계되었다(Lugrin et al., 2008). 이제 소셜미디어 시대에 가장 중요한 것은 지금 트위터의 인프라가 봇을 대단히 반기고 있다는 것이다(그리고 플랫폼의 초창기에는 더욱 그러했다)(Ferrara et al., 2014; Zi et al., 2010). 트위터의 앱 프로그래밍 인터페이스(API)는 플랫폼에 봇을 구축하고 연결하기 쉽게 만들었다. 트위터의 인프라는 의심할 여지없이 봇 개발을 더욱 민주화했고 봇 역사상 다른 모든 플랫폼보다 더 많은 진화를 촉진했다.

다양한 유형의 봇

봇을 이해하는 데 있어 한 가지 문제가 되는 것은 그 용어의 모호성이다. 봇이라는 단어는 몇 가지 뚜렷한(종종 중복되기는 하지만) 의미를 지니고 있다. 이것이 합리적인 기술 법안을 만들려는 정책 입안자들을 특히 어렵게 했다. 실제로 두 명의 커뮤니케이션 학자들에 따르면, "다양한 유형의 모호성은 오늘날 봇 정책의 밑바닥에 깔린 복잡성의 많은 부분에 책임이 있다"(Gorwa and Gilbeault, 2018).

1990년대부터 사람들은 봇이 무엇인지 정의하려고 노력해 왔으며, 다양한 봇의 확산을 조직화하고 분류하고자 하는 언론인, 연구자, 학술 전문가들은 다수의 봇 '분류체계'를 제안했다. 이들 분류체계는 비공식적인 것에서부터 더욱 공식화된 것에 이르기까지 다양한데(Gorwa and Guilbeault, 2018; Leonard, 1997; Maus, 2017; Stieglitz et al., 2017), 일부는 뉴스 봇 또는 정치 봇같이 특정 봇의 하위분류로 스스로의 한계를 정하고 있다(DiResta et al., 2017; Lokot and Diakopoulos, 2016). 하지만 봇 진화의 속도가 너무 빠르기 때문에 이런 분류체계가 곧 무너지거나 구닥다리가 될 수도 있었다. 그럼에도 불구하고 이러한 노력은 대단히 중요하며, 이는 봇의 초기 환경 및 진화하는 환경과 봇의 용도, 기능, 특징을 탐색할 수 있는 발판을 제공하고 있다.

여기서 논의하는 봇의 범주는 봇과 허위정보 연구에서 빠르게 변화하는 환경을 인식하면서 이 책을 쓰고 있는 시점에서 가장 중요한 범주들을 다룬 것이다. 이 범주들은 대체로 지난 30여 년 동안 봇의 행동을 이해하고 분석하는 것과 연관이 있었다. 이것은 완벽한 목록은 아니지만 이 분야를 소개하는 데 유용할 것이다. 이들 범주로 무장하면 독자들은 정치, 사회, 상업 면에서 사용되는 현대 봇의 주요 용도를 이해할 수 있을 것이다.

API: 봇이 웹사이트 및 소셜 미디어에 연결하는 방법

봇의 주요 범주를 살펴보기 전에 현대의 봇 개발을 추진하는 데 있어 앱 프로그래밍 인터페이스Application Programming Interface(API)의 중요성에 대해 지적하려 한다. API는 대부분의 소셜 미디어 봇이 자신의 작업을 수행하기 위해 접속하는 데 사용하는 도구이다. 소셜 봇은 2000년대 초반과 2010년대에 극적으로 확산되었는데, 이는 대체로 더욱 넓어진 연결성, 컴퓨팅과 대역폭의 비용 감소, 그리고 소셜 미디어 성장의 결과였다. 소셜 봇은 특정 플랫폼으로 제한되어 있지 않다. 소셜 봇은 기본적으로 모든 소셜 미디어 플랫폼(트위터, 페이스북, 인스타그램, 갭, 레딧, 유튜브 같은), 암호화된 채팅 앱(텔레그램, 라인 같은), 또는 더 일반적으로는 정상적인 웹사이트에 등장할 수 있다(Assenmacher et al., 2020; Boshmaf et al., 2011; Confessore et al., 2018; Dubbin, 2013; Massanari,

2016; Monaco, 2017; Morales, 2020; Read, 2018; S. C. Woolley et al., 2019) (소셜 봇이 각 플랫폼에서 어떻게 활용되는지에 대해서는 사회적 봇과 정치적 봇에 관한 장에서 더 자세히 다룰 것이다). 그러나 일부 플랫폼의 기술적 설계는 봇이 활동하기에 더욱 최적화되어 있다. 그것은 웹사이트의 API와 관련이 있다.

API는 일종의 플랫폼 뒤의 플랫폼으로서, 컴퓨터 프로그램들이 데이터를 쉽게 모을 수 있는 곳 그리고/또는 소셜 미디어 사이트에 있는 사용자들과 상호작용할 수 있는 곳이다. 컴퓨터 프로그램이 API로부터 모을 수 있는 데이터뿐 아니라 사이트에서 수행할 수 있는 작업도 해당 API의 구조로 미리 설정되어 있다. 예를 들어 트위터에서 컴퓨터 프로그램은 트위터 계정으로부터 메시지를 게시할 수도 있고, 다른 사용자를 팔로할 수도 있고, 다른 사용자들의 게시물을 리트윗할 수도 있다(Zi et al., 2010). API 접속을 이용하는 봇은 일반적으로 프로그래밍하기가 꽤 쉬워서 기술적 스킬이 별로 없는 사람도 쉽게 만들 수 있다. 소셜 미디어 사이트의 많은 봇, 특히 초기의 봇은 API를 이용하는 비교적 간단한 봇이었다(Woolley, 2020).

API를 사용하지 않은 채 소셜 미디어상의 사용자들과 상호작용하는 봇을 프로그래밍하는 것도 가능하다. 이러한 봇은 웹사이트의 특정 부분과 상호작용하기 위해 일반적으로 브라우저(예를 들면, 구글 크롬이나 모질라 파이어박스)를 통해 웹사이트에 접속함으로써 인간 사용자를 흉내 낸다. 이러한 봇은 프로그램의 지시사항을 따르면서 인간 사용자들과 동일한 기능을 수행한다. 그 봇들은 컴퓨터에서 암암리에 운영될 수 있으며, 이러한 이유로 '헤드리스headless'(보이는 브라우저를 헤드head에 비유하는 것과 관련해)라고 종종 일컫는다. 헤드리스 봇의 행동은 셀레니움Selenium, 퍼펫티어Puppeteer, 팬텀JSPhantomJS 같은 소프트웨어 패키지를 이용해 자동화될 수 있다.[12] 예를 들어 숙련된 개발자는 셀레니움을 이용하면, 모질라 파이어폭스를 가동해 트위터에 로그인한 후, 미국에서 가장 유행하는 해시태그를 사용하고 최근에 동일한 해시태그를 사용한 세 명의 다른 사용자의 도메인 주소를 포함한 트윗을 작문하는 프로그램을 작성할 수 있다. 일반적으로 헤드리스 봇과 스크래퍼는 프로그래밍하는 데 상당한 기술적 스킬이 요구되며, 다른 사용자들과 직접 상호작용하는 것보다 수동적인 정보 및 데이터를 수집하는 데 더욱 유용하다. 하지만 이러한 봇을 프로그래밍하는 지침서는 온라인상에서 무료로 구할 수 있다(Mottet, 2019).

소셜 봇

주목할 만한 첫째 유형의 봇이자 인터넷 안팎에서 가장 널리 퍼져 있는 봇 중 하나는 소셜 봇이다. 넓은 의미에서 보자면 소셜 봇[13]은 (우리가 논의한 다른 유형의 봇과 마찬가지로) 자동화된 컴퓨터 프로그램이지만, 이 하위범주의 봇은 특히 인간과 상호작용하도록 설계되었다. 예를 들어 심리 치료사를 본 뜬 대화형 컴퓨터 프로그램인 일라이자는 초기 소셜 봇으로 간주될 수 있다(Weizenbaum, 1966). 하지만 최근 이 용어는 유행하는 상상 속에서 매우 구체적인 의미를 갖게 되었다. 즉,

2000년대에 소셜 미디어가 등장한 이후로 이 용어는 점점 더 웹사이트와 소셜 미디어에서 인간으로 위장한 컴퓨터 프로그램을 의미하게 되었으며, 종종 특정 상품, 정치인, 또는 메시지를 홍보/비판하도록 설계되었다.

소셜 봇은 소셜 미디어에서 다른 사용자들과 대화할 수 있지만 다른 목적으로 이용될 수도 있다. 투표봇은 온라인 여론조사 결과를 왜곡할 수 있다. 소셜 봇은 가짜 팔로어로서 유명인 또는 정치인의 인기를 인위적으로 부풀리는 데 이용될 수 있다. 소셜 봇은 상업적 제품 또는 정치적 메시지 같은 콘텐츠를 홍보 또는 과장함으로써 소셜 미디어의 트렌드를 왜곡할 수 있다. 또한 동일한 증폭 기술을 이용해 설계자의 승인이 없더라도 콘텐츠를 삭제할 수도 있다. '유순한' 또는 창의적인 봇은 예술을 촉진시키며 농담을 한다. 요컨대 소셜 봇은 인간만큼이나 다양하다.

챗봇

챗봇은 텍스트 또는 음성을 통해 인간과 대화하도록 설계된 컴퓨터 프로그램이다(성공하는 정도는 다양하다). 최초의 챗봇은 바이첸바움이 1960년대에 설계한 일라이자였는데, 챗봇은 1990년대 내내 MUD, 유즈넷, IRC에서 인기가 있었다. 인기 있는 최신 챗봇은 아마존의 알렉사, 구글홈, 애플의 시리 같은 인공지능 비서 시스템과 온라인 고객 서비스에 이용되는 상업용 챗봇이다.

대부분의 챗봇은 두 가지 방식 중 하나로 작동한다. 일부는 대화를 만들기 위해 패턴 검색과 미리 작성된 응답을 이용한다. 이것이 일라이자가 작동했던 방식이다. 또 다른 하나는 퍼지 논리fuzzy logic 또는 전형적인 반응들의 데이터베이스(또는 말뭉치)를 기반으로 한 동태적 반응 생성 같은 더 발전된 인공지능 기술을 이용한다. 최신 챗봇은 동태적 대화 능력을 향상하고 인간과 같은 대화에 접근하기 위해 고급 머신러닝 기술을 추가한다. 2020년에는 오픈AIOpenAI의 챗봇인 GPT-3봇이 다양한 유형의 글쓰기를 흉내 내기 위해 방대한 양의 언어 데이터와 인공지능 기술을 이용함으로써 챗봇의 대화 능력을 새로운 수준으로 높였다(*Economist*, 2020). 이러한 기술에 대해서는 5장 '봇과 인공지능'에서 깊이 있게 다루려고 한다.

서비스 봇과 관료 봇

자동화된 에이전트는 종종 인간이 수행하는 것과 동일한 작업을 수행하는 데 이용되지만 인간이 할 수 있는 것보다 훨씬 빨리 그리고 더 일관성 있게 작업을 수행한다. 이 능력은 상업적 영역에서 작업 흐름을 단순화하고 정보 확산을 촉진시키는 데 이용된다. 예를 들어 뉴스룸은 뉴스 봇을 이용해 소셜 미디어 사이트에서 새로운 기사를 출간, 게시, 전파하는 것을 자동화한다(Lewis et al., 2019; Lokot and Diakopoulos, 2016; Thurman et al., 2019). 어떤 경우에는 뉴스 봇이 기사, 특히 일상적인 데이터에 기반을 둔 정형화된 보도를 쓰는 데 사용되기도 한다.

2016년에 ≪워싱턴포스트≫의 헬리오그라프 봇Heliograf Bot은 미국 대선 결과에 대한 간략한 기사를 수백 개나 쓴 것으로 알려져 있다(Peiser, 2019; WashPostPR, 2018).

봇의 효율성과 일관성은 비상업적인 일상적인 작업을 처리하는 데에도 유용할 수 있다. 예를 들어 두낫페이DoNotPay 봇은 전 세계 도시에서 온라인으로 주차 티켓을 발급하는 절차를 자동화해 비효율을 없애는 데 도움을 주었다(Mannes, 2019). 이 봇은 기계적인 법적 절차를 자동화함으로써 사용자들의 시간을 절약해 주었고 주차 티켓을 더 쉽고 빠르게 발급받을 수 있도록 해주었다. 이 봇이 출시된 이후 사용자들은 수백만 달러의 벌금을 절약했다(Johnson, 2016).

크롤러/스파이더

1990년대 봇에 대한 이전 논의에서 보았듯이 자동화된 에이전트들은 대량의 데이터와 정보 뭉치를 수집하고 조직화하는 데 대단히 유용하다. 예를 들어 2014년 대만의 수도 타이페이의 시장을 선출하는 선거 기간 동안 데이터 분석 회사들은 봇을 통해 후보자의 캠페인 메시지에 대한 유권자들의 선호와 반응을 다룬 실시간 데이터를 모을 수 있었다(Liu, 2019; Monaco, 2017). 종종 백그라운드에서 조용히 작동하고 수동적으로 웹사이트를 다니면서 정보를 수집하는 이러한 인프라적이고 비소설적인 봇은 온라인에서 이루어지는 봇 활동의 많은 부분을 담당한다. 최근 몇 군데 사이버 보안 업체는 웹에서의 봇의 트래픽이 인적 트래픽을 추월했다고 보고했는데(Imperva, 2020; LaFrance, 2017), 이것이 소셜 트롤 봇이 트위터에 정치적 혼란을 퍼뜨리려 한다는 뜻은 아니었다. 우리가 보았듯이 봇에는 다양한 유형이 있다. 이런 보고서를 읽을 때 독자들은 '봇'이라는 단어가 사용된 맥락에 주의를 기울여야만 한다. 이들 보고서에서는 '봇'이 주로 크롤러와 스파이더를 의미하는데, 이들 보고서에 따르면 크롤러와 스파이더는 "검색 엔진의 기반 요소이며, 소셜 플랫폼에서 사용자들과 직접 상호작용하지 않는 현대 월드 와이드 웹의 다른 기능이므로 자동화된 소셜 미디어 계정과는 상당히 다르다"(Gorwa and Guilbeault, 2018).

스팸 봇

앞에서 보았듯이 스팸 봇은 사용자들을 악의적인 신용사기로 끌어들이거나 저질 상품을 판매하기 위한 목적으로 수만 개의 메시지 또는 이메일을 보내는 컴퓨터 프로그램이다. 어떤 스팸 봇은 크롤러처럼 작동해 인터넷을 샅샅이 훑으면서 스팸을 올릴 만한 접속 가능한 댓글 창을 찾거나 이메일 주소가 있는 웹페이지를 스크랩해서 스팸 이메일을 보낸다. 이러한 크롤러 유형의 이메일 스크래퍼의 예로는 앞에서 논의한 액티브에이전트와 로버봇을 들 수 있다(Hayati et al., 2009; Leonard, 1997b: 140~148). 다른 스팸 봇은 소셜 미디어 사이트를 대상으로 하는데, 악성 링크 또는 제품 홍보를 통해 사용자에게 과부하를 준다(Keelan et al., 2010). 스팸은 정치적인 메시지를 퍼뜨리는 것보다 일반적으로 돈을 버는 것을 목표로 하지만 소셜 스팸 봇의 네트워크가 스위치를 한번 돌리면 정치적 메시지로 도용될 수도 있다(Monaco, 2019a; Thomas et al., 2012).

사이보그

'사이보그cyborg' 봇은 앞의 어떤 범주에도 완벽하게 들어맞지 않는 혼합 유형의 봇이다. 사이보그는 특별한 형태의 소셜 봇인데, '봇의 도움을 받는 인간' 또는 '인간의 도움을 받는 봇'으로 여겨질 수 있는 소셜 미디어의 자동화된 계정이다(Zi et al., 2010). 하지만 완전히 자동화된 봇과 사이보그 봇 간의 경계는 불분명하다. 왜냐하면 "자동화가 인간 사용자를 정확히 얼마만큼 사이보그로 만드는지, 또는 봇을 사이보그로 만드는 데 얼마만큼의 인간 개입이 필요한지 분명하지 않기 때문이다"(Gorwa and Guilbeault, 2018).

사이보그는 부분적으로 인간에 의해 조종되기 때문에 정상적이고 완전 자동화된 봇과는 다르며 덜 예측 가능한 활동 흔적을 남긴다. 이러한 이유로 사이보그는 소셜 미디어 회사의 사이버 보안 및 봇 탐지 알고리즘을 뚫고 들어갈 수 있다. 지난 수년 사이에 사이보그는 정치적 홍보의 도구로 점점 더 일반화되었다(Woolley, 2020: 85). 예를 들어 2019년 미국 민주당 대통령 후보 토론회에서는 양강 RTYangGang RT라는 봇이 앤드루 양Andrew Yang 후보의 언급들을 리트윗했다(Monaco, 2019b). 사이보그의 정치적 활동과 선거 운동의 또 다른 최근 형태로는 '자원봉사 봇넷'을 들 수 있다. 이것은 자신의 소셜 미디어 계정을 정치적 선거 운동의 봇으로 사용하도록 자발적이고 일시적으로 기부하는 것이다. 사이보그에 대해서는 정치적 봇을 다루는 장에서 더 자세히 다룰 것이다.

좀비 봇 또는 훼손된 봇

일반 대중에게 상대적으로 친숙하지 않은 유형의 봇이 '좀비' 기기이다. '좀비' 기기는 악의적인 해커에게 해킹당해서 조종되는 인터넷과 연결된 모든 기기(컴퓨터, 전화기, 냉장고, 스마트 TV 등)를 뜻한다. 이러한 '좀비' 기기는 봇 네트워크의 노드가 되어 매일 수십억 통의 스팸 이메일을 보내거나 목표 서버 및 웹사이트를 디도스Distributed Denial of Service(DDoS, 분산 서비스 거부) 공격이라고 알려진 것으로 가득 채운다(Rodrogues-Gomez et al., 2013). 실제로 대부분의 디도스 공격은 손상된 장치의 봇넷을 이용해서 수행된다. '봇'이라는 용어에서 이러한 의미는 2000년대 들어 일반화되었다(Yang et al., 2014).

많은 봇 — 봇넷

자동화된 에이전트는 '봇넷'('봇 네트워크'의 줄임말)에서 서로 협력하면서 작동한다. 봇넷은 같은 목적을 성취하기 위해 함께 작동하는 컴퓨터 프로그램의 네트워크를 뜻한다. 네트워크화된 봇들의 기능은 동일할 필요가 없다. 종종 네트워크 내의 봇들은 서로 보완적인 기능을 수행한다(Cresci, 2020). 예를 들어 트위터에서 #TacoTuesday라는 해시태그를 홍보하는 트위터 봇들의 소규모 네트워크를 상상해 보자. 네트워크에는 100개의 봇이 시더seeder(살포 봇)와 프로모터promoter(홍보 봇)로 똑같이 나누어질 수 있다. 즉, #TacoTuesday라는 해시태그가 포함된 미리 작성된 트윗을 보내는 데 사용되는 50개의 시더 봇과, 시더의 게시물을 리트윗하고 좋아요를 표시하는 데 사용되는 나머지 50개의 프로모터 봇으로 나뉠 수 있는 것이다. 100개의 봇 중 어느 것도 같은 봇넷으로 간주되기 위해 서로를 팔로할 필요는 없다. 그 봇들은 동일한 목적을 위해 일하기만 하면 될 뿐이다. 따라서 이 100개의 봇 그룹은 #TacoTuesday 홍보라는 공동의 목적을 가지고 있기 때문에 봇넷이다.

봇넷은 #TacoTuesday의 경우처럼 소셜 봇의 네트워크일 필요가 없다. 봇넷은 또한 앞에서 설명했던 좀비 봇 같은 손상된 장치의 네트워크를 지칭하는 데 사용되기도 한다. 어떤 해커가 컴퓨터에 대한 관리 접속권을 얻으면 종종 소유자 몰래 그 컴퓨터를 사용해서 모든 작업을 수행할 수 있다(여기는 '컴퓨터'는 가장 넓은 의미를 뜻한다. 즉, 명령을 수신하고 수행할 수 있는 모든 인터넷 연결 장치를 의미한다). 이러한 인터넷 연결 장치가 네트워크로 연결되면 한 명의 해커는 자신이 원하는 것을 무엇이든지 할 수 있는 잉여 컴퓨팅 파워를 갖게 된다. 즉, 컴퓨터 소유자의 개인 정보를 훔칠 수도 있고, 여분의 컴퓨팅 파워를 이용해 가상화폐를 채굴해서 돈을 벌 수도 있고, 디도스 공격을 통해 목표 웹사이트를 망가뜨리는 데 컴퓨터를 이용할 수도 있다.

디도스 공격은 웹사이트에 엄청난 과부하를 일으켜 인프라가 망가질 만큼 많은 트래픽을 거는 것이다. 1만 대의 차량이 차선이 단 하나뿐인 고속도로 출구를 빠져나가려고 하거나 강의실에서 1000명의 학생이 교수에게 동시에 질문을 던지는 광경을 상상해 보라. 이러한 디도스 공격은 점점 더 커지고 있으며 봇넷을 통해 점점 더 많은 양의 트래픽을 사이트들로 보내고 있다. 이는 빠르게 성장하는 사물 인터넷Internet-of-Things(IoT)처럼 손상 대상으로 사용할 수 있는 장치가 엄청나게 많아지고 있기 때문이다. IoT는 우리가 전통적으로 컴퓨터라고 생각하지 않았던 인터넷 연결 장치들을 설명하는 데 이용되는 용어로, DVD 플레이어, 냉장고, 스마트 도어벨, 세탁기, TV, 자동차, 드론, 소형 모니터 등이 있다. 이들 인터넷 연결 가전용품은 사이버 보안을 염두에 두고 설계하지 않았으므로 손상되기도 쉽고 봇넷으로 전환되는 것도 아주 쉽다. 예를 들면 2016년 미라이Mirai 봇넷은 40만 개 이상의 인터넷 연결 장치를 이용해 프랑스 웹 호스팅 서비스인 OVH와 웹 호스팅 회사인 딘Dyn의 서버를 망가뜨렸다. 이 공격은 아마존, 넷플릭스, 뉴욕타임스, 트위터 같은 몇몇 유명 웹사이트의 서비스를 중단시켰다(대부분의 손상된 장치는 IoT 장치에서 일반적으로 사용되는 단 62개의 자동 사용자 이름과 비밀번호를 이용해 해킹되었다)(United States Cybersecurity & Infrastructure Security Agency, 2016).

잘못된 명칭 및 남용

앞의 절에서 보여주었듯이, '봇'이라는 용어에 대해서는 몇 가지 해석이 가능하다. 하지만 봇에 대한 가장 일반적인 개념 – 논쟁의 여지가 많은 트롤 계정 또는 인간이 운영하는 가짜 소셜 미디어 계정이라는 개념 – 이 반드시 기술적으로 자동화된 봇이어야 하는 것은 아니다. 이러한 계정은 '양말 인형sock puppet' 또는 '트롤' 계정이라고 부르는 게 더 정확하다 (Gorwa and Guilbeault, 2018)[봇, 트롤, 양말 인형이라는 용어들의 뜻은 언어마다 상당히 다를 수 있다. 예를 들어 폴란드어에서는 많은 사용자가 자동화되었든 수동 제어이든 관계없이 조작적인 온라인 소셜 미디어 계정을 가리킬 때 '봇'과 '트롤'을 섞어서 사용하고 있다(Gorwa, 2017a)].[14]

우리는 독자들이 '봇'이라는 용어를 실전에서 맞닥뜨렸을 때 어떤 뜻인지 분명히 이해할 수 있도록 이러한 오용과 모호함을 강조한다. 이 책에서는 봇이라는 용어를 사용할 때 항상 부분적으로든 완전히든 자동화된 프로그램을 가리킬 것이다.

봇의 중요한 특성

마지막으로 봇은 그 행동을 설명하거나 의도를 평가하는 데 사용할 수 있는 여러 가지 특성을 지니고 있다(Maus, 2017).

• 투명성: 봇이 자동화된 에이전트라고 명확히 명시하는가? 아니면

인간인 것처럼 속이면서 자동화를 숨기려 하는가?

- 자동화 수준: 봇이 항상 자동화되어 있는가? 봇의 행동 중 일부는 인간의 개입으로만 일어나는가? 봇이 자동으로 다른 작업들을 수행하는 동안에도 인간이 봇을 조종할 수 있는가? (이러한 질문은 모두 봇의 상대적인 '사이보그 수준'과 연관되어 있다)
- 다른 봇과의 협력: 이 봇이 봇넷의 일부로 작동하는가, 아니면 기만적인 다른 인간 사용자와 함께 작동하는가?
- 상호작용 및 수동성: 이 봇이 어떤 방식으로든(좋아요, 리트윗, 공유, 대화 등) 인간 사용자와 상호작용하거나 엮여 있는가? 다른 사용자는 온라인상에 봇이 존재하는 것을 알고 있는가? 봇이 다른 사용자 또는 웹사이트로부터 암암리에 데이터를 감시하거나 수집하는가?
- 의도: 이 봇의 행동이 목적하는 바는 무엇인가?
- 정치화: 이 봇이 정치적 또는 사회적 메시지를 전달하는 데 관여하는가?

결론

우리는 이 장에서 기술과 인터넷의 역사에 대해 간단하게만 다루었다. 인터넷 역사에 대한 모든 설명은 불완전하기 마련이다. 왜냐하면 언제를 기준으로 삼느냐에 따라 그 역사에서 개개의 활동가, 기여자, 개발자, 정책 수립가, 기업이 갖는 중요성을 강조하거나 무시하기 때문이다. 그뿐만 아니라 기술과 인터넷이 너무 빨리 변해서 정확히 포착하기가 어렵기 때문이기도 하다. 웹사이트와 플랫폼은 생겼다가 사라진다. 1990년대에 잘 알려지고 널리 이용되었던 지오시티스Geocities, 알타비스타Altavista, 그리고 애스크지브스AskJeeves 같은 서비스는 오늘날 대부분의 젊은 인터넷 사용자들 사이에서 거의 알려지지 않았다. 마찬가지로 2000년대 중반 이후 인터넷 사용을 장악했던 소셜 미디어 플랫폼 역시 사라질지도 모른다. 인터넷의 미래 환경은 오늘날 상상할 수 없는 또 다른 서비스와 회사들에 의해 정해질 것이다. 한 기술 역사학자가 말했듯이 "컴퓨팅의 역사는 결코 기록될 수 없다"(Ceruzzi, 2012: ix). 어떤 면에서 인터넷의 역사는 항상 베타 개발 상태이다. 즉, 최종 형태가 아닌, 형태를 갖춰가고 있는 제품인 것이다.

그러나 끊임없이 변하고 있는 인터넷 환경에도 상수는 있다. 이러한 상수들 중 하나가 봇의 존재이다. 봇은 인터넷의 짧은 역사를 통틀어 고정된 등장인물이었고, 앞으로도 인프라적으로나 사회적으로나 필수적인 역할을 계속 수행할 것이다. 이 책은 인간의 삶에서 봇이 점점 중요해지고 있다는 것을 보여주려 한다. 봇은 대체로 후면이나 주변에서 또는 인간인 것처럼 위장하도록 설계된 사회적 상황에서 작동하기 때문에 놓치거나 잊기 쉽지만, 봇은 삶에 그리고 온라인상의 기술 프로세스를 작동시키는 데 필수적이다. 봇은 전면에서는 정치적 과정, 사업 거래, 그리고 소셜 미디어 사이트에서의 자신의 역할을 수행하고 있다. 후면에서는 기계가 다른 기계와 통신하는 수단이자, 우리가 선호하는 기술이 원만하게 운영되도록 하는(또는 악의적인 의도로 공격하도록 하는) 수단이다. 이들 영역 각각에서 일부 봇은 인공지능 기술을 사용하지만 다른 봇은 설계가 지극히 단순하다. 다음 장에서는 이들 각 영역을 심도 있게 분석함으로써 온라인 봇의 과거, 현재, 미래에 대해, 그리고 봇이 우리 삶에 끼치는 부정할 수 없는 영향에 대해 살펴볼 것이다.

02 봇과 사회생활

트위터 봇인 @everyword는 옥스포드 영어사전의 각 단어를 트윗하기 위해 만들어졌다. 2007년부터 2014년까지 자동화된 계정이 30분마다 한 단어를 알파벳 순서대로 공유했다. 결국에는 총 10만 9157개의 단어를 공유했다. 이 봇은 10만 명 이상의 트위터 사용자들이 팔로했는데, 그들은 정기적으로 좋아요를 누르고 리트윗을 하고 콘텐츠에 대한 댓글을 달았다. 일상적인 작은 작업을 수행하는 이 계정은 주요 뉴스 매체의 관심을 끌어 ≪가디언≫(Spencer, 2014), ≪워싱턴포스트≫(Dewey, 2014), ≪뉴요커≫(Dubbin, 2013)에서 이에 대한 논평을 실었다. 이 봇을 만든 시인이자 프로그래머인 앨리슨 패리시Allison Parrish의 설명에 따르면, 이러한 노력은 트위터 콘텐츠가 '무의미한' 것 – "샌드위치 같은 것에 대해 올리는 글"로 가득 찬 것 – 이라는 사람들의 인식에 대한 응답이었다(Fernandez, 2017). 각 영어 단어를 공유하는 이 하나의 봇은 트위터에 대한 이러한 가정에 어떻게 도전했으며 이러한 가정을 어떻게 구체화했을까?

많은 이들에게 @everyword는 무의미하고 가슴 아픈 행위였다. 동시에 반복적이면서 매혹적이었다. @everyword는 온라인 정보 전달의 일상성을 포착하는 동시에 언어의 뉘앙스와 온라인 경험을 미묘하게 드러냈다. MIT 교수이자 컴퓨터 시인인 닉 몬포트Nick Montfort는 이 봇에 대해 "모든 사람을 위한 일상의 봇이다. 모든 사람은 이 봇에 대한 모든 것을 생각하면서 모든 곳에 이르는 모든 길을 연다"라고 정리했다(Parrish, 2015). @everyword의 특별한 장점은 컴퓨터 프로그래밍, 웹, 그리고 언어의 절차적 토대에 대해 설명하는 동시에 인간 상호작용과 반응을 강하게 불러일으킨다는 것이다. 이것은 소셜 봇(여기서는 인간 사용자와 직접 상호작용하도록 설계된 모든 봇으로 정의한다)의 뛰어난 예로 남아 있다.

소셜 봇은 굉장히 다양한 웹사이트와 플랫폼에서 일반적인 인터넷 사용자들과 상호작용한다. 당신은 은행 웹사이트에서 자동화된 디지털 고객 서비스 상담사(챗봇)와 같이 정해진 역할을 하는 소셜 봇을 만날 수 있다. 또는 @everyword처럼 트위터에서 덜 제한된 다양한 역할을 하는 봇을 만날 수도 있다. '봇'을 정의하는 글에서 패리시는 봇을 "절차적이고procedural 비창의적이고uncreative 데이터 중심적인data driven 그래피티graffiti"라고 정의하는 'PUDG 모델'에 대해 썼다(Parrish, 2016). 패리시에 따르면, 봇은 "인간의 개입 없이 미리 결정되어 있는 규칙과 절차의 조합을 사용해서 콘텐츠가 자동적으로 생성된다는 점에서 절차적이다." 봇은 "그 과정에서 새롭고 예상치 못했던 무언가를 끌어내기" 위해 "기존의 텍스트를 분류하고 재구성하고 재연하는 것과 관련된 글"을 만든다는 면에서 비창의적이다. 봇은 이전의 절차적 글의 사례보다 훨씬 많은 양의 데이터를 처리할 수 있기 때문에 데이터 중심적이다. 그리고 봇은 "공적 공간(예를 들면, 트위터가 공적 공간으로 정의될 수 있는 정도까지의)에 대한 예술적 개입이기 때문에 그래피티이다." 따라서 소셜 봇은 컴퓨터적인 것, 사회적인 것, 천편일률적인 것, 놀라운 것의 혼합물이다.

온라인에서 봇은 삶의 일부가 되었다. 덜 상호작용적이거나 덜 창의적인 작업을 위해 만들어진 봇조차도 인터넷 사회를 구성하는 부조화 구조의 일부를 만들기 위해 작동한다. 그러므로 이 장에서는 봇과 사회생활에 대해 살펴본다. 대체로 소셜 봇에 대한 내용이지만, 사회의 주변부에서 작동하는 봇도 살펴볼 것이다. 이들 봇은 사이버 공간과 전 세계 대부분이 일상적으로 드나드는 디지털 생태계의 다양한 분야를 떠받치고 있다. 이 책이 폭넓게 주장하는 것은, 봇은 연결된 세상의 핵심적인 부분이라는 것이다. 다른 형태의 봇과 마찬가지로 소셜 봇 역시 그것이 존재한다는 사실을 잊기 쉽다. 소셜 봇은 특히 일상적인 고객 서비스 역할을 할 때 거의 주변에 있을 수 있다. 하지만 실제로는 웹 전체에서 다양한 역할로 널리 퍼져 있다. 소셜 봇은 수적으로 늘어나고 있으며 점차 고도화되고 있다.

이 장의 핵심 질문은 다음과 같다. 봇은 어떻게 사회적일 수 있는가? 봇은 상호작용과 사회성을 의도적으로든 비의도적으로든 어떻게 가능하게 하는가? 사람과 봇은 어떻게 연결되는가? 왜 사람들은 봇에게 개성과 인간성을 부여해 의인화하는가? 다음에서는 1장에서 다룬 봇의 분류체계를 참조해 글로벌 사회에서의 봇의 역할에 대해 설명한다(Gorwa and Guilbeault, 2018). 광범위하게는 봇과 인터넷에 대해, 보다 구체적으로는 봇과 소셜 미디어에 대해 이야기한다. 또한 언론, 예술, 그리고 데이트 영역에서 봇이 수행하는 사회적 역할에 대해 논의한다. 그리고 봇의 일상적인 행동과 예상치 못한 행동 모두를 가능케 하는 인공지능과 머신 러닝의 혁신이 소셜 봇 산출물의 새로운 길을 열면서 봇의 사회적 역할이 어떻게 진화하고 있는지에 대한 논의로 결론을 맺는다.

봇과 글로벌 사회

우리가 인터넷이라고 생각하는 '것'은 실제로는 하드웨어(케이블, 서버 같은 물리적 구성 요소, 그리고 모니터, 마더보드 같은 컴퓨터 부품)와 소프트웨어(장치에 지시를 내리는 정보 또는 명령의 집합)로 구성된 시스템이다. 그리고 모든 정보와 상호작용은 온라인에서 벌어진다. 소셜 미디어 또한 다음과 같은 요소로 구성된 유사한 복잡한 구조를 갖고 있다.

> (a) 개개의 가치를 갖고 있으면서 공유하는 가치를 나타내는 콘텐츠를 생산하고 분배하는 데 이용하는 정보 인프라 및 도구, (b) 개인적인 메시지, 뉴스, 아이디어가 디지털 형태를 취한, 그리고 이제는 문화 상품

이 된 콘텐츠, (c) 도구와 콘텐츠를 생산하고 소비하는 사람, 조직, 산업.(Howard and Parks, 2012)

따라서 대규모 인터넷과 소셜 미디어의 많은 부분은 인프라이다. 즉, 이러한 시스템은 기계 간, 사람 간에 상호작용하고 네트워크를 만드는 데 필요한 물리적·조직적 구성요소(하드웨어와 소프트웨어)를 결합한 것이다. 다른 말로 하면, 인터넷과 소셜 미디어는 모두 정보 공유와 의미 창출을 가능하게 하는 수단인 미디어이다. 필립 하워드Philip N. Howard와 맬컴 파크스Malcolm R. Parks가 지적하듯이, 메시지는 "문화 상품"이고, 메시지를 퍼뜨리는 시스템 역시 사회적·문화적으로 매우 중요하다.

봇은 이와 유사하게 역동적인데, 특히 패리시의 PUDG 모델(Parrish, 2016) 측면에서 고려할 때 그러하다. 실제로 일부 학자는 봇을 완전히 새로운 형태의 미디어로 간주해서 연구해야 한다고 주장했다(Woolley, 2017). 가장 단순한 형태의 봇은 온라인에서 작업을 수행하는 자동화된 소프트웨어 프로그램이다. 그러나 이와 같이 지나치게 넓은 정의는 봇에 대해 사람들이 지니고 있는 대단히 사회적인, 종종 개인화된 인식을 무시한다. 인간과 봇 간의 관계와 봇의 성격에 대한 이론들은 6장에서 검토할 것이다. 이 장에서는 봇의 '삶'이 지닌 사회적 면모에 초점을 맞춘다. 사람들이 봇을 의인화하는 것은 봇의 어떤 점 때문인가?

우리가 가장 간단하게 믿는 사실은, 사람들은 사람과 다른 소프트웨어 프로그램 둘 다와의 전면적인(직접적인) 대화에 사용되는 봇을 대부분 의인화한다는 것이다. @everyword처럼 전면 봇에게는 종종 이름이 주어지고 봇에게 개성을 부여하는 것 같은 짧은 설명이 제공된다. 트위터 또는 레딧 같은 소셜 미디어 플랫폼의 봇은 종종 프로필 사진이 주어지고 특정 말하기 모드로 프로그래밍되어서 그 봇들이 독특하다는 인식을 공고히 한다. 봇의 자동화된 반응(일부는 인공지능) 때문에 사람들은 그것이 어느 정도 지각력을 갖고 있다고 여기면서 봇과 상호작용한다. 물론 봇이 지각력을 갖고 있는 것은 아니지만, 봇은 (주장컨대) 부분적으로는 인간이다. 왜냐하면 봇은 사람에 의해 만들어졌고 봇은 자신을 만든 사람의 가치관과 (어느 정도는) 개성도 가지고 있기 때문이다(Woolley et al., 2018). 그러나 패리시는, 봇이 자신을 만든 사람의 의지와 욕망의 연장선에서 행동하고 상호작용하지만 만든 사람이 의도하지 않았던 예상치 못한 일도 종종 한다는 것을 지적한다(Parrish, 2016). 그 이유는 봇이 다른 모든 종류의 세력과 개인 — 즉, 기대하지 않았던 행동을 만들어낼 수 있는 외부 영향력 — 이 존재하는 생태계에서 온라인으로 운영되기 때문이다. 겔과 바카르지에바가 지적하듯이, 사회적 지향 봇의 행동은 온라인 사용자에게 모든 종류의 이점을 줄 수 있지만 그에 상응하는 손실도 야기할 수 있다(Gehl and Bakardjieva, 2016).

봇이 이러한 모든 특징을 갖고 있기 때문에 — 즉, 사회적 의미가 부여되고, 인간화되고, 봇이 수행하는 작업이 커뮤니케이션과 문화 시스템에 깊이 포함되기 때문에 — 봇은 사회적 힘을 행사하는 것으로 보일 수 있다. 이것은 무엇을 의미하는가? 첫째, 봇이 영향력이 있다는 뜻이다. 이 책 전반을 통해 논의하듯이(그리고 봇과 정치에 대한 장에서 더욱 자세하게 논의하듯이), 봇은 종종 컴퓨터 시스템을 설득하는 데, 그리고 특정한 일을 하기 위해 컴퓨터 시스템을 활용하는 사람들을 설득하는 데 직간접적으로 이용된다. 특히 정치와 관련해 이것은 다소 마키아벨리적이거나 비도덕적인 것처럼 보인다. 그러나 대부분의 봇이 지닌 영향력은 사실상 일상적인 것이거나 프로그래밍된 것일 뿐이다. 대부분의 봇은 분명 여론을 조작하기 위해 만들어진 것은 아니라 정보를 전달하기 위해 만들어졌지만, 때로는 정보를 전달하는 행위가 변화를 일으킨다. 물론 프로그래밍된 봇 뒤에 또는 명백하게 일상적인 알고리즘 뒤에 항상 비도덕적인 의도가 숨어 있는 것은 아니라고 해서 그것들이 만들어내는 효과가 반드시 긍정적이거나 중립적이라는 것을 의미하지는 않는다. 노블이 지적하듯이, 소수 집단은 종종 이런 부정적인 효과의 타격을 받는다(Noble, 2018).

둘째, 봇은 사람들과 연결되기 때문에 사회적 힘을 발휘한다. 인간은 봇을 인간 디지털 커뮤니티의 일부로 인식하는데, 왜냐하면 실제로 그렇기 때문이다! 예를 들어 모더레이터Moderator(조정) 봇은 레딧에서 잘 알려져 있는 일부이다. 모더레이터 봇은 레디터Redditor들의 행위를 관찰하고 하위 레딧 규정을 시행하는 서브레딧subreddit이라고 알려진 사회적 이해집단과 상호작용하도록 특별히 설계되었다. 따라서 봇은 레딧에서, 넓게는 인터넷 전체에서 온라인 사회화 과정의 중요한 부분이다. 봇은 디지털 소셜 그룹을 형성하는 데서 중요한 요소인 것이다. 봇은 다른 방식으로 온라인 사회생활에 참여해서 예술, 유머, 그리고/또는 비평을 만들어내기도 한다. 자동화된 소셜 미디어 봇(@everyword

및 많은 디지털 공간과 플랫폼에 있는 다른 봇 같은)은 패리시가 '절차적 그래피티'라고 부르는 것 — 상호작용, 자기성찰, 그리고 때로는 단순한 웃음을 유발하는 것을 목표로 하는 — 을 만들어내기 위해 제작되었다. 예를 들어 @mothgenerator를 보자. @mothgenerator는 가상의 나방에 대한 아름다운 사진과 이 나방과 관련된 가상의 이름을 무작위로 만드는 트위터 봇으로, '나방에 대한 일종의 온라인 허무주의 백과사전'의 기능을 한다(Voon, 2015).

다른 방식으로 사람들과 연결되는 또 다른 유형의 봇 역시 사회적 영향력을 행사하는데, 그 예로 사람을 흉내 내거나 모방하기 위해 특별히 제작된 봇을 들 수 있다. 어떤 봇은 (시리나 코르타나처럼) 디지털 개인 비서 역할을 한다. 어떤 봇은 단순히 온라인의 다른 사용자와 글 또는 말로 대화한다. 예를 들어 마이크로소프트의 샤오이스Xiaoice(다른 지역에서는 조Zo, 린나Rinna, 루Ruuh로 알려져 있다)는 인공지능과 머신 러닝을 활용해서 4개국(중국, 일본, 인도네시아, 미국)에서 40개 이상의 디지털 플랫폼(웨이보, 위챗, 킥, 그룹미를 포함해)을 통해 사용자들과 연결한다. 이것은 사회적 영향력을 행사할 수 있는 중요한 문화적·지리적 영역이다.[1]

그러나 플랫폼들을 옮겨 다니는 샤오이스의 능력은 독특하다. 대부분의 봇은 하나의 디지털 공간 내에서만 작동하도록 되어 있다. 그들은 페이스북 또는 트위터 또는 레딧에서만 일할 뿐, 다양하게 반복하면서 세 개 플랫폼 모두에서 작동하는 것은 아니다. 이제 인터넷에서, 특히 여러 소셜 미디어 플랫폼의 다양한 공간에서 소셜 봇이 어떤 활동을 하는지 살펴보자.

소셜 봇, 소셜 미디어

가장 명백한 소셜 봇은 다른 사용자와 직접 상호작용하도록 설계된 것으로, 챗봇 같은 것을 들 수 있다. 1장에서 논의했듯이 챗봇(일라이자 같은)은 인터넷이 대중에게 공개되기 전부터 존재했지만,[2] 이러한 봇에 대한 관심은 앨런 튜링Alan Turing이 '모방 게임'을 소개한 이후 불붙었다(Turing, 1950). 이 게임은 실제 인간 수준의 지능을 보여주는 기계의 능력을 테스트하는 방법인 튜링 테스트로 알려져 있다. 튜링 테스트는 다른 초기 컴퓨터 과학자들에게 하나의 도전으로 받아들여졌다. 요제프 바이첸바움으로 하여금 일라이자를 만들게 자극한 것이 튜링 테스트였는데(Weisenbaum, 1966), 많은 사용자는 일라이자가 실제로 지능을 갖고 있다고 인식했다. 하지만 사실상 일라이자가 보인 반응은 미리 프로그래밍된 질문을 하기 위해 단순히 키워드 탐색만 이용한 것이었다(이 장의 앞부분에서 논의한 것처럼 사람들은 현대의 트위터 또는 레딧 봇에 대해서도 가끔 실제로 이 봇들이 지각력을 갖고 있다고 여긴다). 일라이자는 실제로는 지능적이지 않았다. 그것은 단순히 인간 이해력의 환상을 보여주었을 뿐이다. 일라이자는 튜링 테스트를 거의 통과하지도 못했다(Moor, 2003).

일부 봇은 실제로 튜링 테스트에 합격한 것처럼 보였다. 이에 대한 가장 좋은 사례는 유진 구스트만Eugene Goostman 봇이다(이 봇의 지적 능력에 대해서는 여전히 논란의 여지가 있긴 하다). 이 봇은 13살짜리 소년을 흉내 내기 위해 러시아와 우크라이나 컴퓨터 과학자 팀이 설계한 챗봇으로, 21세기 초 뢰브너 상Loebner Prize — 인간의 행위를 가장 설득력 있게 보여주는 소프트웨어 프로그램을 만든 팀에게 수여하는 상 — 을 수상했다. 유진 구스트만 봇과 뢰브너 상에 대해서는 인공지능과 봇의 관계를 자세히 설명하는 5장에서 더 깊이 있게 다룬다. 2014년 영국 왕립학회가 실시한 대회에서 구스트만은 30% 이상의 심사위원에게 '그'가 인간임을 확신시키는 데 성공했다. 행사 기획에 참여한 케빈 워릭Kevin Warwick과 후마 샤Huma Sha는 이 결과가 구스트만이 튜링 테스트를 실질적으로 통과했음을 보여준다고 주장했다(Warwick and Sha, 2016). 하지만 비평가들은 바로 반박했다. 인지 과학자 스테판 하르나드Stevan Harnad[3]는 구스트만이 테스트를 통과했다는 언론 보도에 흥분해 ≪가디언≫에 이렇게 말했다. "말도 안 된다. 완전 헛소리이다. 우리는 튜링 테스트를 통과하지 못했다. 근처에도 가지 못했다"(Sample and Hern, 2014). 하르나드와 많은 다른 사람에 따르면, 기존의 모든 챗봇은 (일라이자가 그랬던 것처럼) 그냥 속임수와 유머를 활용해 지능에 대한 환상을 보이는 것으로, 이것은 실제 인간에 대한 챗봇의 이해력 결핍을 다른 곳으로 돌리는 속임수일 뿐이다.

그러나 챗봇이 사회적이기 위해서는 진정한 인간의 지능을 보여줄 필요가 있는가? 이 맥락에서 우리는 '사회적인'이라는 것을 어떻게 정의하는가? 브뤼노 라투르Bruno Latour(Latour, 2007)를 포함한 사회 기술적 이론가들은 반드시 그럴 필요는 없다고 하면서, 기술이나 도구는 지각이나 인간의 지능을 갖고 있지 않더라도 사회적 영향력을 가질 수 있으며 사회적 행동에 참여할 수 있다고 주장한다. 6장에서 더 깊이 논의되는 라투르의 행위자 네트워크 이론actor network theory(ANT)은 물체와 아이디어를 포함한 '사물'은 사회적이거나 관계적이라고 여겨지는 상호작용을 만들고 그 상호작용에 참여할 수 있다고 제안한다. 대부분의 정의에 따르면 실제로 지적이지 않은 구스트만과 일라이자 같은 챗봇은 설득하거나 조작하는 데 유용한 사회적 도구가 될 수 있다.[4] 하지만 '소셜 봇'에 대해 이야기할 때면 봇은 다음과 같은 특정한 것을 의미한다. 즉, 소셜 미디어 시스템에서 사용자와 상호작용하기 위해 — 서면 대화를 통해서이든, 좋아요 또는 트위터의 리트윗 같은 보다 수동적인 커뮤니케이션 메커니즘을 통해서이든 — 특별히 만들어진 '자동화된 사회적 행위자'를 의미한다(Abokhodair et al., 2015).

소셜 봇은 소셜 미디어 플랫폼에서 상당한 사용자 무리를 구성한다. 빌과 쿡이 지적했듯이, 트위터에서 소셜 봇은 매우 창의적이고 일상적인 다양한 작업을 수행한다(Veale and Cooke, 2018). 소셜 봇은 앞에서 언급했던 레딧의 모더레이터 봇 또는 위키피디아 봇의 일부 유형처럼 종종 핵심적인 상호작용과 관리 역할을 한다. 그러나 소셜 미디어 사이트에서 소셜 봇의 역할은 정해져 있는 인프라적 위치를 훨씬 넘어선다. 인스타그램, 텀블러Tumblr 같은 소셜 미디어 플랫폼에서부터 드루팔Drupal, 워드프레스Wordpress 같은 웹 콘텐츠 관리 포털에 이르기까지 소셜 인터넷 공간의 소셜 봇은 모든 종류의 목적에 활용될 수 있다. 즉,

소셜 봇은 주어진 공간에 새로 온 사람에게 조력자 또는 서비스 에이전트 역할을 하도록 — 욕을 많이 먹었던 마이크로소프트의 '클리피Clippy'의 인터넷 버전처럼 — 만들어져 상호작용을 할 수도 있고, 사용자에게 플랫폼 업데이트에 대해 알려주거나 날씨를 알려주거나 친구의 생일을 일깨워주기 위해 만들어진 메신저 봇일 수도 있으며, 논평, 예술, 또는 유머 목적의 '단순오락용'일 수도 있다. 어쩌면 악명 높게도 설득, 잘못된 정보 유포, 또는 분열 조장 같은 비방 목적으로 설계될 수도 있다.

예술 봇 또는 해설 봇의 하나의 사례인 다리우스 카제미Dariuus Kazemi의 @Twoheadlines 트위터 봇은 구글 뉴스에서 두 개의 헤드라인을 무작위로 골라 합친다. 그 결과 "미국 잡화점 레브론 제임스LeBron James의 온라인 배달로 오카도Ocado의 주가가 천정부지로 상승했다"(Kazemi, 2018) 같은 종종 골치 아픈 결과물을 내보내기도 한다. 또 다른 트위터 봇 @NYPDedits(Backspace, 2015)는 뉴욕 경찰청이 만든 위키피디아 기사와 연결된 IP 주소에 언제나 트윗을 하도록 구성되었다. 이 봇은 클라우드 기반의 온라인 백과사전에서 강력한 개체들이 행동하는 것을 주시하기 위한 목적을 지닌 '위키에디츠wikiedits' 봇 중 하나이다. 20년 동안의 메시징 텍스트를 토대로 훈련된 인공지능 기반의 챗봇인 리브퍼슨LivePerson은 회사들 — 애플 비즈니스 챗, 문자 메시지, 구글 리치 비즈니스 메시징, 라인, 페이스북 메신저, 왓츠앱WhatsApp, 구글 애드링고 등의 — 에 의해 다양한 서비스 및 플랫폼으로 통합될 수 있다(Chi, 2021). 리브퍼슨은 또한 고객이 더 많은 메시징 채널을 위해 자신만의 맞춤형 챗봇을 구축할 수 있도록 하는 '봇 스튜디오'를 자랑한다.

정치적 봇의 활용을 다룬 장에서 배우게 되겠지만, 많은 소셜 미디어 사이트의 봇은 다른 사용자의 콘텐츠를 팔로하거나 댓글을 달기 위해 구축될 수 있어 인기 있는 것처럼 착각할 수 있다. 하지만 인스타그램 또는 트위터 같은 플랫폼에서는 자동화 계정과 비자동화 계정 사이의 구분이 아주 흐릿할 수 있다(Roberts, 2020). 실제 인간 사용자는 정기적으로 자신의 계정에 로그인해서 사진을 올리거나 다른 사람의 게시물에 댓글을 달 수 있지만, 인플루언서 및 참여도가 높은 사용자는 스마트폰이나 컴퓨터를 사용하지 않을 때에도 좋아요, 댓글, 게시물을 자동화하는 서비스에 비용을 지불하는 경우가 있다(심지어 이러한 현상은 일반적이다).

그렇다면 인간 사용자와 봇 사용자를 어떻게 구별할 수 있을까? 이 장에서 언급한 @Twoheadlines, @everyword, @XiaoIce 같은 많은 소셜 미디어 봇은 그 개발자들이 공공연하게 봇이라고 이름을 달았지만, 많은 소셜 미디어 계정은 자신이 자동화되었음을 밝히지 않는다. 작가인 데이비드 쿠슈너David Kushner는 피터 스테이너Peter Steiner의 유명한 1993년 뉴요커 만화에 대해 언급하면서 "인터넷에서는 당신이 봇이라는 것을 아무도 모른다"라고 쓴 적이 있다(Kushner, 2005). 봇은 특히 실명 정책과 봇 활용에 대한 엄격한 지침을 가진 페이스북에서도 식별되지 않은 채 작동할 수 있다. 소셜 미디어 전반에서 자신을 봇이라고 밝히지 않는 익명의 봇은 스팸이나 피싱 같은 악의적이고 약탈적인 디지털 행동과 종종 관련되어 있다. 디지털 마케터나 소셜 미디어 사기꾼은 가능한 한 많은 사용자와 연결하는 수십만 개의 봇을 보냄으로써 특정 상품을 밀어내거나 민감한 정보를 빼내려는 자신들의 노력을 확대할 수 있다. 그들의 성공률은 상대적으로는 낮을 수 있지만, 봇의 자동화된 특성 때문에 엄청나게 넓은 망에 뿌리기 위해 많은 시간과 노력을 투자하지 않아도 된다. 이러한 봇 군대의 규모만으로도 봇이 만들어낸 많은 요청은 판매, 해킹, 성공적인 사기로 전환되어 그들의 노력을 가치 있게 만든다. 이와 동일한 광역 전술은 여론을 조작하기 위해 자신들의 노력을 확대하기를 원하는 사회적·정치적 단체에서 종종 이용된다.

봇, 저널리즘과 뉴스

이런 악의적인 목적의 봇이 확산됨에 따라 악의적이지 않은 다양한 소셜 봇 역시 확산되었다. 실제로 봇은 이제 특정 직종에 필수불가결하다. 언론 분야에서의 변화 — 이 산업의 수익 모델에 대한 새로운 압박을 포함해 — 는 언론 소프트웨어 공간에서 빠른 혁신을 강요했고, 이제 많은 언론 봇이 필수불가결하다(Lewis et al., 2019). 뉴스 봇은 여러 종류의 모양과 크기로 제공되면서 세상과 모든 유형의 상호작용을 하고 있다(Lokot and Diakopoulos, 2015). @NYPDedits 위키피디아 봇은 하나의 뉴스 봇 버전으로 간주할 수 있다. 왜냐하면 그 봇이 하는 일은 위키피디아에서 뉴욕 경찰청에 대해 편집된 내용이 있을 경우 뉴욕 경찰청을 팔로하는 사람들에게 업데이트된 내용을 제공하는 것이었기 때문이다. 그 봇은 '경찰관을 정직'하게 유지하도록, 그리고 경찰과 관련된 모든 백과사전 글에 의심스럽거나 일방적인 주장을 하지 못하도록 설계되었다. 즉, 그 봇은 제4권력의 일부로서 권력을 감시하는 데 목적을 두고 있다. 언론인, 뉴스 기관, 그리고 특히 관심 있는 시민들이 만든 유사한 소셜 미디어 뉴스 봇은 미국 하원의원의 총기에 대한 언급(Keller, 2015), 마리화나 합법화에 대한 의원들의 입장(Woolley et al., 2018), 그리고 위키피디아에 있는 그들의 글(Cox, 2014)을 추적한다.

의원들의 총기류에 대한 언급을 모니터링하는 봇을 만들었던 기자들은 후에 동일한 맞춤형 봇 버전인 모킹제이Mockingjay를 출시했는데, 이 봇에서는 사용자들이 다른 키워드도 추적할 수 있었다. 그 봇은 "사람들이 특정 토픽을 언급할 경우 그 사용자를 팔로하고 리트윗하는 역할을 한다"(Keller, 2015). 심지어 모바일 송금 서비스 벤모Venmo를 통해 돈을 송금하면서 송금 이유로 '마약'이나 '섹스'를 공개적으로 밝히는 사람에게 트윗을 보내는 트위터 봇까지 있는데(Lee, 2018), 일부 사람은 그런 접촉에 대해 실제 범죄 가능성은 불확실하더라도 사생활 침해에 해당한다고 본다. 이러한 모든 봇은 소셜 미디어를 마주하고 있는 전달자(이 전달자는 종종 트위터인데, 이는 트위터의 API가 봇 친화적이고 트위터가 대규모 언론인 사용자를 기반으로 하고 있기 때문이다)를 통해 데이터 중심의 이야기를 보고한다. 이 구상은 봇을 팔로잉하는 인간 사용자가 이러한 자동화된 보고를 추적하는 데, 그리고 누군가가 의심스러운 행동을 할 경우 이를 알아차리는 데 도움을 줄 것이라는 것이다. 물론 이러한 봇이 언론 산업이 직면한 문제에 대한, 또는 온라인에서 대중과 정치인 간의 관계에 대한 완벽한 해결책은 아니다. 어떤 학자는 위키에디트 봇 및 그와 유사한 봇 때문에 정치인들이 위키피디아와 같은 공개된 커뮤니티 또는 대중 기반 커뮤니티를 달가워하지 않을 수도 있다고 주장했다(Ford et al., 2016).

뉴스 조직은 또 다른 형태의 소셜 미디어 또는 챗 중심의 봇을 실험하고 있다. 2016년 ≪뉴욕타임스≫는 그해의 대통령 선거 기간 동안 독자들을 뉴스룸에 보다 직접적으로 연결하려는 목적으로 슬랙 봇 Slack bot을 만들었다(Gayed, 2019). ≪워싱턴포스트≫는 코로나19 팬데믹 상황 속에서 사람들의 은둔 계획을 돕는 챗봇을 만들었다(Singletary and Shin, 2020). 인터넷 매체 쿼츠Quartz는 이전에 '봇 스튜디오'라고 명명되었던 것을 '인공지능 스튜디오'라고 부르는 서비스로 키웠는데, 이는 언론인이 머신 러닝을 이용하도록 돕는 것을 목표로 한다(Quartz, 2020). 2019년 쿼츠는 @IndiaWatchBot이라는 트위터 봇을 만들어서 인도인들에게 그해 선거 후보들에 대한 정보를 지속적으로 제공했다(Keefe et al., 2019).

물론 언론 봇에는 많은 한계와 문제가 있다. 봇은 아직 ― 아마 앞으로도 영영 ― 뉴스와 언론에서 미묘한 뉘앙스의 콘텐츠를 만들어낼 수 없다. 가장 똑똑한 인공지능 챗봇조차도 유머나 빈정거림을 알아차리는 데 어려움을 겪는다. 일라이자 그리고 일라이자의 뒤를 이은 봇들처럼, 봇은 자신만의 경박함과 건방짐을 통해 어려운 질문을 회피하는 경향이 있다. 봇은 아직 ― 아마 앞으로도 영영 ― 대부분의 보도를 대체할 수 없다. 왜냐하면 보도에 대한 '인간적인' 접근을 컴퓨터적으로 프로그래밍하는 것은, 불가능하진 않지만, 아주 어렵기 때문이다. 언론 봇이나 뉴스 봇은 인간의 고뇌, 정치적 불법행위, 또는 문화적 비판의 복잡한 내용을 포착하는 데 많은 어려움을 겪을 것이다. 봇이 복잡한 조사를 통해 보도를 수행하는 것은, 불가능하진 않지만, 대단히 어려울 것이다.[5]

그러나 언론 산업에 대한 재정적 압박으로 인해 봇 없이 저널리즘을 수행하는 것은 거의 불가능해졌다. 이제는 항목별 광고를 생성하거나 비인기 스포츠 경기의 결과에 대한 간단한 기사를 작성하는 것과 같은 아주 반복적인 작업을 유급의 인간 기자가 하는 경우는 훨씬 덜 일반적이다. 그런 기사를 쓰는 것은 아주 체계적인 경향이 있으며 언론 수익 모델의 변화로 급여를 받는 인간 기자가 더 적게 남게 되었기 때문이다. 디지털로의 전환으로 인한 어려움 덕분에 일부 대형 뉴스 기업 역시 더 적은 자원을 갖고 있다. 소도시 신문사와 대형 언론사 모두 걱정스러울 정도로 문을 닫고 있다. 간단히 말하면 봇은 간단한 형식의 뉴스를 작성하는 데 더 저렴하고 더 이용하기 쉽다. 봇이 정형화된 기사를 작성하거나 행정적인 업무 같은 일상적인 과제를 처리하면 남아 있는 언론인들은 봇이 할 수 없는 조사나 창의적인 작업을 할 수 있다. 봇은 또한 건강보험이 필요하지 않고 인사부서의 시간을 잡아먹는 대인 갈등이 없기 때문에 '고용하는 데' 비용이 적게 든다.

일반적으로 기사 작성 봇은 반복적이거나 예상할 수 있는 기사를 작성하는 데 이용되어 왔다. 예를 들면 봇은 스포츠 경기에 대한 간단한 기사를 작성하는 데 꽤 능숙해서, 일반적으로 어떤 선수나 참가자가 무엇을 했는지, 점수나 결과는 어떠했지를 설명한다. 2019년 연합뉴스

Associated Press(AP)는 "데이터 스크라이브Data Skrive의 기술과 스포츠레이더Sportradar의 데이터를 이용해 모든 메이저 리그 사커Major League Soccer 경기의 데이터 기반 텍스트 미리보기를 생성함으로써 자동화된 보도로 메이저 리그 사커의 범위를 확대"할 것이라고 발표했다(AP, 2019). ≪로스앤젤레스타임스≫의 퀘이크봇Quakebot 같은 또 다른 봇은 자연재해의 구체적인 사항에 대한 이야기를 만들어내는 데 이용되어 왔다. 퀘이크봇은 특정 지진의 규모, 진앙지 위치 등을 보도한다. ≪뉴욕타임스≫에 따르면 "블룸버그 뉴스가 내놓는 콘텐츠의 약 1/3은 어떤 형태로든 자동화된 기술을 사용하고 있다"(Peiser, 2019). 이 기사는 기후테크 회사 패치Patch에서 일하는 뉴스 봇에 대해 자세히 다룬다.

> 지역 뉴스 전용의 전국적인 뉴스 조직으로, 인공지능은 110명의 기자와 약 800개 커뮤니티를 담당하는 수많은 프리랜서에게 특히 지역 날씨에 대한 보도에서 도움을 제공한다. 이 회사의 대표이사 워런 세인트 존Warren St. John은 패치에서는 일주일에 3000개 이상의 게시물(생산량의 5~10%)이 기계에 의해 생성된다고 말했다.(n.p., Peiser, 2019)

그러나 기술과 뉴스 산업에 종사하는 일부 사람들이 뉴스 봇이 수학적이고 절차적이라서 보다 '객관적인' 언론을 만든다고 주장함에도 불구하고, 봇이 보도하는 가장 간단하고 가장 사실에 기반한 기사조차도 객관적이라고 간주할 수 없다. 사람들이 유튜브 또는 페이스북에 '객관적인' 추천 알고리즘을 만들었으나 결국 그들의 가치관으로 코딩했듯이(Gillespie, 2012), 언론 봇을 포함한 모든 유형의 봇 역시 마찬가지이다(Woolley and Guilbeault, 2016). 언론 기사를 작성하는 봇은 개발자만큼이나 '객관적'이지 않다. 그 봇은 특정 이야기 요소를 다른 것보다 우선시하도록, 특정 기사의 '형식'을 다른 것보다 더 사용하도록, 그리고 다양한 주제를 다른 것보다 더 보도하도록 만들어졌다. 마이크 애나니Mike Ananny와 메건 핀Megan Finn이 지적하듯이, "뉴스 봇의 반자율적 성향은 프로그래머에게 기사가 언제 시의적절하고 대중에게 가치 있을지를 예측하는 방법에 대한 질문을 던진다"(Ananny and Finn, 2015). 따라서 뉴스 봇에는, 모든 봇과 마찬가지로, 개발자의 주관과 의견이 심어져 있다. 이것은 봇이 정보를 공유하거나 보류하는 강력한 전달자가 될 수 있지만 한편으로는 정보 전파를 둘러싼 더 큰 권력 구조에 깊이 빠져 있다는 것을 의미한다. 이것은 또한 봇이 법적 책임 같은 문제, 특히 봇과 (더 넓게는) 알고리즘이 언론 자유와 명예훼손 같은 문제를 복잡하게 만드는 방식과 관련해 새로운 의문을 제기하고 있음을 의미한다(Lewis et al., 2019).

미래에는 봇이 언론과 뉴스의 생산과 소비 양쪽에서 점점 더 많은 역할을 할 것으로 보인다. 점점 더 많은 뉴스 조직이 기자 또는 뉴스룸의 직원이 수행했던 작업을 봇과 컴퓨터 시스템으로 돌리기 시작함에 따라 그런 결정에 대한 인간의 영향력을 고려하는 것이 중요해졌다(Thurman, Lewis and Kunert, 2019). 이들 조직은 그러한 움직임이 뉴스 생산자와 뉴스 소비자 모두에게 긍정적인지 여부를 확인해야 한다. 더욱이 양쪽 경우 모두 뉴스룸에 재정적인 영향을 미친다. 뉴스 생산자의 경우, 인간 노동력을 자동화된 노동으로 대체하는 단기적인 움직임이 장기적으로는 예상치 못한 비용을 초래할 수 있음을 이해해야 한다. 예를 들면 사람들이 매일매일의 작업에서 겪는 복잡함과 미묘한 차이를 간과하기 쉽다. 실제로 다양한 분야에서 인공지능과 자동화를 이용하는 것은 장기적인 유지 관리비용을 발생시킬 수 있는데, 여기에는 인간 노동력 증가 및 기타 결과물에 대한 필요성이 포함될 수 있다. 이는 봇이 출시될 때 종종 고려되지 않았던 것이다(Spektor et al., 2021).

봇, 데이팅, 비디오게임 등

언론 봇이나 @everyword, @mothgenerator, 샤오이스 같은 예술/코미디 봇 외에도, 소셜 봇은 모든 종류의 공간을 가로지르는 순수한 소셜 온라인 삶에서 중요한 역할을 하고 있다. 소셜 봇은 데이팅 사이트에서 화합을 꾸며내고 연결 짓는 데 사용된다. 소셜 봇은 많은 온라인 비디오게임에서 규칙적이지만 종종 성가신 기능을 수행한다. 온라인 도박꾼은 개발자에게 돈을 벌어주기 위해 배치된, 거의 이기기 불가능한 봇을 마주하고 있음을 알게 될 수도 있다. 이런 봇들은 다양한 디지털 생태계에서 사용자에게 어떻게 도움이 되며, 사용자를 활용하는 데 어떻게 쓰일까?

소셜 봇의 영향을 많이 받는 사회생활의 한 분야는 온라인 데이팅 웹사이트와 앱들이다. 일부 독자는 지금 악명 높은 웹사이트인 애슐리

매디슨Ashley Madison의 이야기에 익숙할 것이다. 이 사이트는 결혼한 사람들이 연애 상대를 찾는 곳이다. 2016년 웹사이트를 운영하는 어비드 라이프 미디어Avid Life Media는 사이트의 남녀 비율이 모두 높다는 주장을 뒷받침하기 위해 가짜 여성과 채팅하도록 사용자를 유혹하는 데 챗봇을 사용한 사실을 인정했다. 회사가 마케팅 책략으로 봇을 이용한 사실이 폭로된 후(Light, 2016), 플랫폼의 실제 비율은 남성 다섯 명에 여성 한 명에서부터 90명이 넘는 남성에 여성 한 명에 이르기까지 매우 다양하다고 보고서가 주장했다(Newitz, 2015; Morris, 2016). 봇은 또한 틴더Tinder에서 오케이큐피드OkCupid에 이르기까지 데이팅 앱에 영향을 미쳤는데, 이들 앱은 모두 봇이 만든 가짜 프로필의 문제를 갖고 있다(Rivera, 2020). 하지만 데이팅 사이트의 모든 봇이 사용자를 속이는 가짜 프로필에 목적을 둔 것은 아니다. 2020년 7월 기술 사이트인 매셔블Mashable은 봇이 '인공지능 스와이핑AI swiping'이라는 잠재적인 용도를 가지고 있다고 보고했다. 인공지능 스와이핑을 활용하면 틴더 사용자는 여러 상대를 살피기보다 자동화된 대리인으로 하여금 자신에게 가능한 상대를 선택하게 한 이후 수동으로 관심 있는 상대를 고를 수 있다. 하지만 매셔블의 보고서는 애인 소개에서 봇을 활용하면 윤리, 차별, 편견 문제에서 모든 종류의 질문이 초래된다고 지적한다(Iovine, 2020).

온라인 비디오 게임은, 부정적으로든 긍정적으로든, 봇 활동이 많은 또 다른 플랫폼이다. 세컨드라이프Secondlife, 마인크래프트Minecraft, 리그 오브 레전드league of Legends, 콜 오브 듀티Call of Duty 등 매우 인기 있는 게임들은 문제 많은 다양한 봇을 갖고 있다(Lee et al., 2016). 보거스Bogus의 자동화된 계정은 통계를 작성하고 점수를 획득하고 온라인 화폐를 실제 화폐로 전환하는 등과 같은 여러 가지 이유로 이용된다. '농장farm' 봇으로 알려진 많은 봇은 게임 자원을 모으기 위해 만들어졌다. 예를 들어 마인봇Minebot은 '[사용자가] 자는 동안 [사용자를] 위해 일하도록' 하기 위해 사용자가 구매할 수 있는 마인크래프트 봇이다. 이 봇은 '자원, 농장 아이템과 화폐를 자동적으로 비축하기 위해' 설계되었는데, 다른 말로 하면 일부 사람이 부정행위라고 할 수 있는 방식으로 시스템을 착취하기 위해서이다. 블리자드의 월드 오브 워크래프트World of Warcraft(WoW)는 전성기에 1200만 명의 구독자를 자랑하며 이제까지 가장 인기 있는 온라인 게임 중 하나가 되었다(Reilley, 2010). 그러나 인디애나대학교 교수인 에드워드 카스트로노바Edward Castronova에 따르면, 블리자드에서는 WoW 봇으로 인해 매년 2000만 달러에 달하는 간접비용이 발생했는데, 이는 게임에서 화가 난 참가자가 게임을 떠남으로 인해 또는 봇 관련 불만으로 인해 발생한 고객 서비스 비용이었다(Castronova, 2007). 2007년 추정 이후 불법 봇 사용과 연관된 비용은 증가했을 가능성이 높다. 팬데믹에 의해 비디오 게임 산업이 신장했음을 고려하면 이것은 틀림없는 사실이다. 2020년 블룸버그는 비디오 게임 산업이 사상 최고의 해를 보냈다고 보도했다. "콘솔에서든 컴퓨터에서든 휴대전화에서든 태블릿에서든 게임에 소비하는 시간과 비용이 크게 늘어났고 게임 회사의 주가 역시 크게 상승했다"(Glassman, 2020).

그러나 게임은 모든 종류의 유용한 봇을 위한 공간도 제공한다. 가장 기본적인 수준에서 보면, 일부 게이머는 컴퓨터상의 상대를 하나의 봇으로 생각하는데, 이러한 디지털 적(싸워야 할 게임 보스에서부터 디지털 체스에서 상대해야 하는 컴퓨터에 이르기까지)은 분명 모든 게임에 필수적이다.[6] 마인크래프트에서 게이머는 굉장히 다양한 봇을 이용하거나 그러한 봇과 교류할 수 있다. 예를 들면 페이스북의 인공지능 연구원들은 "대화로 지정된 작업을 완수하고 궁극적으로 대화 상호작용을 통해 학습할 수 있는" 보조 봇을 만들어 마인크래프트에 배치했다(Gray et al., 2019). 여러 다른 게임과 플랫폼에도 비슷한 봇들이 있다. 예를 들어 개발자가 비디오 게임 확장판을 만들 수 있도록 특화된 오버울프Overwolf 플랫폼은 리그 오브 레전드, DOTA 2 같은 게임에서 사용자의 성과를 지원하는 챗봇 조수인 GOSU.AI를 제공한다.

다른 온라인 공간에서도 대화형 봇을 이용하는데, 이들 봇 중 일부는 인간 사용자로 위장하도록 만들어졌다. 인기 있는 기술 웹사이트 벤처비트VentureBeat에 실린 글에 따르면, 사기 방지 및 모바일 측정 회사인 애드저스트Adjust는 모바일 게임 — 앞에서 언급했던 인기 있는 멀티플레이어 콘솔 또는 PC 기반 콘솔 같은 — 또한 '앱 내 봇 사기'를 겪고 있다고 주장했는데, 그들은 "수익을 빼돌리고 게이머들의 재미를 망침으로써 사업 모델을 망가뜨린다"라고 말했다(Muller, 2019). 모바일 게임 산업은 2018년 618억 달러의 매출을 올렸고 전 세계적으로 상당한 수익을 거두었으므로 봇 사기 역시 마찬가지로 엄청날 수 있다. 봇 보호 및 탐지 회사인 데이터돔DataDome에 따르면, 도박 웹사이트는 악성 봇 때문에 고통 받고 있다(DataDome, 2020). 어떤 봇은 온라인 포커 사이트에서 실제 플레이어를 흉내 내고 온라인 슬롯머신을 자동으로 작동하게 한다. 차익 거래 봇arbitrage bots으로 알려진 또 다른 봇은 "웹 스크래핑 공격을 이용해 여러 도박업자 간의 베팅 불균형을 확인하며 차익 거래 베팅을 통해 손실을 입지 않도록 보장한다."

결론

소셜 봇은 여전히 믿을 수 없을 만큼 커다란 온라인 실체를 갖고 있지만 대중 사이에서는 악명 같은 무언가를 발전시켜 왔다. 이는 부분적으로는 전 세계에 걸쳐 정치적 사건을 조작하는 소셜 봇의 역할에 대한 상당히 자극적인 보도 때문이다(Bump, 2017). 봇은 이제 다른 명칭으로 불리거나 (인공지능 기술과 이를 둘러싼 과대광고가 성장함에 따라) 단순히 인공지능의 일부 버전으로 언급됨으로써 다시 브랜드화되고 있다. 소셜 봇을 연구할 때는 실제 소셜 봇의 용도를 찾는 데 넓은 그물을 던지지 않도록 조심해야 한다. '봇'에 대한 정의는 항상 약간 애매했지만, 봇이 망태할멈이 되어버린 지금 시대에는 봇을 만드는 사람들이 의미론을 통해 봇의 약점을 흐릿하게 하려고 시도할 수도 있다.

명명법의 변화에도 불구하고 소셜 봇은 이전처럼 온라인에서 계속 번성하고 있다. 2016년 미국 선거, 그리고 정치적 대화를 봇이 만들었다는 폭로(Howard et al., 2018)가 있기 이전에 실리콘 밸리에서는 이른바 5대 기술 회사인 마이크로소프트, 아마존, 페이스북, 구글, 애플이 봇 기술에 상당한 투자를 하면서 챗봇에 크게 뛰어들었다.[7] 이들 회사 중에서 가장 유명한 소셜 봇의 예는 애플의 시리 또는 마이크로소프트의 코르타나 같은 실체가 없는 챗봇 비서이다. 하지만 각 회사는 메시징 플랫폼에서의 챗봇 같은 다른 소셜 봇 포맷에도 자원을 투자했다. 인공지능 시장 조사 회사인 에머즈Emerj에 따르면, 메시징 서비스에서 사용자가 증가하는 것(현재 왓츠앱, 텔레그램 같은 플랫폼 사용자는 10억 명이 훨씬 넘는다)은 이 회사들이 챗봇에 투자하는 것의 많은 부분을 설명한다(Walker, 2019). 에머즈는 또한 스마트폰의 용도가 변하고 있으며 우리가 전화기의 오디오와 영상 기능을 더 많이 사용함에 따라 챗봇은 비텍스트 기반의 플랫폼을 탐색하는 데 더욱 유용한 안내자가 될 것이라고 지적한다. 소셜 봇은 우리가 여러 이름으로 부르더라도 우리의 일상생활에서 커다란 역할을 (종종 눈에 띄지 않은 채) 계속 수행하고 있다.

사회에서 소셜 봇이 수행하는 역할을 이해하려 할 때 기억해야 하는 중요한 점은 봇의 행동이 인간의 욕망과 입력을 반영한다는 것이다. 봇 뒤편에 있는 인간의 역할은 의미 없는 것이 아니다. 사람들은 많은 이유로 봇을 만드는데, 여기에는 앞에서 거론했던 사회적으로 동기부여된 작업, 즉 뉴스 기사 작성, 비디오 게임, 데이팅 프로필 흉내 내기, 정치 이야기 등을 수행하는 것이 포함된다. 대부분의 경우 이러한 소셜 봇은 인간 세상과 욕망을 반영한다. 소셜 봇의 행위는 일반적으로 그 봇을 만든 사람의 행동과 전혀 다르지 않다. 그렇다고 해서 봇이 개발자가 정해놓은 코스에서 벗어나지 않는다는 말은 아니다. 다음 장에서 알 수 있듯이, 봇은 '데이터 기반적'이긴 있지만 완전히 '절차에 따르는 것'이라고 설명할 수 없는 작업도 수행할 수 있다. 종종 예상치 않은 행동이 코딩 실수 또는 설계 오류에 기인해 벌어진다. 하지만 때때로 봇은 개발자가 아닌 사람과의 또는 다른 컴퓨터 시스템과의 복잡하고 난해한 상호작용 때문에 예상치 않은 일을 하기도 한다. 인공지능과 머신 러닝이 혼합되면, 즉 봇이 그 환경으로부터 학습하도록 프로그래밍되면 모든 종류의 예상치 않은 일이 벌어질 수 있다. 봇과 정치생활에 관한 다음 장에서는 다음의 질문을 통해 이러한 점에 대해 살펴본다. 봇이 여론을 조작하는 데 이용되면 어떻게 될까?

03 봇과 정치적 삶

상거래에서와 마찬가지로, 봇은 지난 20년 동안 정치에 영향을 끼치는 데에도 결정적인 역할을 했다. 그 예로, 투표율을 높이거나 억제하는 것, 정치적 메시지를 확산하거나 억제하는 것, 반체제 인사에 대한 감시를 강화하거나 그들을 핍박하는 것, 심지어 정치 현실에 대한 우리의 인식을 만들어가는 것을 들 수 있다. 오늘날 우리의 정치적 현실은 일정 부분 봇 때문에 달라졌다.

2000년대 초반 소셜 미디어와 사용자 생성 콘텐츠가 웹의 얼굴을 바꾸기 시작하면서 정보 기술의 자유화 효과에 대한 숨 가쁜 낙관론이 기술 회사뿐만 아니라 서방 세계의 대학과 정부 문화에도 스며들었다. 이 낙관론자들은 소셜 미디어가 활동가들에게 대규모 풀뿌리 시위 — 예를 들어, 2008년 콜롬비아의 'FARC에 저항하는 100만 명의 목소리One Million Voices Against FARC' 또는 2010~2011년 중동 전역에서 일어난 민주주의를 촉구하는 아랍의 봄 시위 같은 — 를 조직하도록 권한을 부여한 방식을 증거로 제시했다.

희망이 어디에서 왔는지는 쉽게 알 수 있다. 기술이 실제로 전 세계 풀뿌리 조직과 민주화 촉진에 결정적인 역할을 하고 있었던 것이다. 그러나 기술의 이면, 즉 멕시코와 시리아에서 일어난 시위를 좌절시키는 데, 또는 아제르바이잔, 바레인, 러시아, 튀르키예에서 민주화 활동가들을 겨누는 데 기술이 이용된 방식에 대해 이야기하는 사람은 거의 없다. 당시에는 소수의 학자와 활동가만 기술이 자유 민주주의에 대해 미칠 수 있는 치명적이고 장기적인 영향의 어두운 전망에 대해 전하고 있었다.

경종을 울리는 이러한 이야기 중 가장 참혹한 것 가운데 하나는 러시아의 친민주주의 정치인 보리스 넴초프Boris Nemtsov에 관한 것이다. 1990년대 초, 소련이 몰락하고 보리스 옐친 대통령이 이끄는 민주적인 러시아가 새롭게 출발한 직후 넴초프는 정치에 참여하게 되었다. 옐친은 젊은 넴초프의 정치적 감각과 카리스마에 주목해 넴초프를 내각에 임명했고 넴초프는 결국 부총리의 직까지 올라갔다. 옐친은 넴초프를 자신의 후계자로 적극적으로 고려했지만, 1999년 옐친이 사임할 때에는 블라디미르 푸틴이 옐친의 자리에 임명되었다. 푸틴은 2000년 대통령 선거에서 이겼고 그 후 계속해서 권력을 잡고 있다(White, 2015).

넴초프는 처음에는 푸틴의 대통령직에 대해 낙관적이었지만 대통령의 행동이 처음 몇 년 동안 독재적인 방향으로 전환하자 점점 더 경계를 키워갔다(Nemtsov and Bremmer, 2000). 독립 언론과 정치적 경쟁자들에 대한 탄압은 러시아의 덜 민주화된 미래를 예고했고, 넴초프는 푸틴의 점점 심해지는 독재적인 지배에 격렬하게 반대했다(White, 2015). 넴초프는 또한 2014년 러시아의 우크라이나 크림 지역 합병에 강경하게 반대한 몇 안 되는 야당 정치인 중 한 명이었다. 러시아의 크림 지역 합병 조치는 국제법 위반으로 세계무대에서 불신임을 불러일으켰고 미국과 유럽연합의 제재를 촉발했다.

푸틴에 대한 반대 때문에 넴초프는 현대 러시아의 정치적 반체제 인사를 겨냥했던 다수의 일반적인 조치, 예를 들면 정치적 박해, 물리적 감시 및 디지털 감시, 몰래카메라 유출, 종종 넴초프 및 그와 가까운 사람들을 겨냥한 육체적 위협 같은 일을 겪게 되었다. 2015년 2월 27일 말 넴초프는 크렘린에서 한 블록 떨어진 모스크바 시내를 걷고 있을 때 볼쇼이 모스크보레츠키 다리에서 네 발의 총을 맞았다. 그는 즉사했다. 이 암살은 넴초프가 러시아의 우크라이나 침공에 항의하는 대규모 시위를 벌이기 이틀 전에 자행되었다. 또한 이 암살로 러시아가 우크라이나에 군대를 배치했음을 폭로하는 – 크렘린은 이러한 사실을 부인했다 – 넴초프의 보고서 발표가 사전에 방지되었다(Luhn, 2015).

이것이 넴초프 이야기의 끝이었지만, 그것은 정치적 조작과 허위정보에 사용되는 봇에 대한 새로운 이야기의 시작이었다. 넴초프가 사망한 지 몇 시간 후 상트페테르부르크에 있는 한 트롤(악의적인 게시물) 공장에서 야간 근무가 시작되었다. 트위터에 이상한 계정들이 나타나 넴초프 암살에 과연 러시아가 관여했는지에 대해 의문을 던지는 메시지를 퍼뜨렸다. 이 계정들은 똑같은 용어의 트윗을 사용하는 경우가 많았으며, 러시아에 거주하는 미국 언론인 알렉 룬Alec Luhn이 지적했듯이, 종종 우크라이나가 살인을 저질렀다고 비난했다. 영국의 오픈소스 데이터 학자인 로런스 알렉산더Lawrence Alexander는 이 같은 의심스러운 활동에 주목하고 넴초프의 죽음과 연관된 트윗들을 모으기 시작했다. 알렉산더는 넴초프에 대한 정형화된 메시지들을 트윗하는 2900개의 계정 샘플을 분석한 후 그것이 봇이라는 것을 강력하게 시사하는 몇 가지 의심스러운 특징을 발견했다. 이들 계정은 넴초프의 죽음에 러시아가 관여했다는 데 대해 의문을 던졌는데 그중 많은 계정이 밀접하게 상호 연결되어 있었다. 계정의 봇넷은 활동이 저조했고, 서로 팔로했고, 시간대 정보가 없었고, 다른 사용자와는 상호작용하지 않았다. 이들 계정은 정치 봇 또는 여론을 조작하기 위해 소셜 미디어 프로필을 자동화하는 데 이용되는 소프트웨어 프로그램이었다. 룬과 알렉산더는 소셜 미디어 네트워크를 통해 의도적으로 잘못된 정보를 배포하기 위해 함께 이용되는 알고리즘, 자동화, 인간 큐레이션을 목도한 최초의 국제적 관찰자들이었다. 즉, 그들은 컴퓨터화된 선동이 실제로 실행되는 것을 알아차린 최초의 사람들이었다(Woolley and Howard, 2019).

넴초프 봇은 대부분 설계가 매우 단순했다. 정교함이 부족했기 때문에 그 봇들을 '멍청이 봇'이라고 부르기까지 했지만, 당시에는 대중이 허위정보에 대해 거의 알지 못했으므로 효과가 있었다(Woolley, 2020: 82). 2015년 초는 여전히 컴퓨터 선동의 서부 시대였다. 대부분의 사용자는 메시지가 조작되거나 소셜 미디어의 대량 봇넷을 통해 전송될 수 있다는 사실을 몰랐다. 그러나 그러한 허위정보 봇은 이미 만연해 있었다. 2014년 초부터 2015년 말까지의 러시아 트위터를 분석한 한 연구에 따르면, 정치와 연관된 러시아 트윗의 50% 이상은 봇에 의해 만들어지는 것으로 나타났다(Stukal et al., 2017). 다른 초기 연구에서는 이처럼 덜 정교한 봇조차도 인간을 흉내 내거나 사회적 신뢰를 구축하려는 시도 없이 간단히 녹음된 메시지만으로 사회적 적합성을 얻을 수 있음을 발견했다(Aiello et al., 2014). 이 시대에 단순한 봇이 가지는 불균형한 효율성에 대해서는 라틴아메리카 선거 허위정보 운동에서 10년 경력을 가진 한 해커가 깔끔하게 정리했다. "사람들이 인터넷이 말하는 것을 실제보다 더 믿는다는 것을 깨달았을 때, 나는 내가 사람들로 하여금 무엇이든 믿게 만들 수 있는 힘을 가지고 있음을 알게 되었다"(Robetson et al., 2016).

넴초프가 사망한 지 불과 몇 주 만에 결정적인 디지털 증거가 나타났다. 봇과 봇을 운영했던 조직이 폭로된 것이다. 넴초프가 살해되기 몇 달 전, 러시아의 정치 활동가 류드밀라 사브추크Lyudmila Savchuk는 디지털 선동을 퍼트리도록 러시아 정부와 계약을 맺은 트롤 공장 IRA (Internet Research Agency)에 비밀리에 잠입했다. 사브추크는 몇 달 동안 IRA의 활동을 은밀하게 문서화했는데, 넴초프가 암살되고 나서 며칠 후 IRA의 내부 문서를 러시아 신문 ≪모이 로이온Moi Roion≫에 내어주기로 했다. 사브추크는 자신과 IRA에 있는 자신의 팀이 넴초프의 죽음을 보도하는 러시아 뉴스망의 댓글 창에 야당이 자신의 지도자를 살해했다고 비난하는 댓글로 가득 채우라는 임무를 부여받았다고 주장했다(Chen, 2015). 사브추크가 제공한 문서 중 하나는 직원들을 위한트롤링 지침과 선동 핸드북이었다. 이 핸드북에는 IRA 키보드 전사들이 소셜 미디어에 게시하도록 지시받은 몇 가지 주제가 담겨 있었는데 이 주제 중 하나가 넴초프의 죽음이었다. 이들은 직원들에게 "넴초프 암살이 러시아 정부 당국에 유리하지 않다는 결론으로 유도하고" 그 대신 우크라이나 또는 넴초프의 당원들이 암살을 실행할 동기를 갖고 있다고 알리도록 제안했다. 그 핸드북에는 게시물에 포함할 키워드들(부분적으로 알고리즘에 의해 푸시되도록 보장하는)과 직원들이 인용할 뉴스 기사도 포함되어 있었다.

2015년과 2016년에 걸쳐 또 다른 전직 IRA 직원들이 IRA 운영에 대한 더 세세한 내용을 폭로했다(Filipov, 2017; Volchek and Sinclair, 2015). 2018년 말, 트위터의 선거 진실성 기록 보관소의 공식 자료는 폭로들을 확인하면서, 넴초프가 살해된 몇 시간 후에 러시아의 IRA가 러시아 정부는 넴초프를 죽일 동기가 없었다는 메시지를 아주 열심히 리트윗했음을 보여주었다.

러시아의 IRA는 이렇게 국내 문제로 첫 경험을 쌓았으나, 넴초프 살해 이후 허위정보를 퍼뜨렸던 정치 봇은 앞으로 다가올 일들에 대한 끔찍한 전조였다. 정치 봇은 컴퓨터 선전을 정치적 수단으로 더 광범위하게 그리고 은밀하게 사용하기 위한 무대를 마련하고 있었다. 1년이 채 지나지 않아 IRA의 야망은 국제적임이 입증되었다(Sanovich, 2017). IRA는 2016년 미국 대통령 선거로 눈을 돌려, 정치적 분열을 확산시키고 분열된 미국 유권자들 사이에서 민주주의에 대한 믿음을 약화시키면서 현대 역사상 가장 성공적인 컴퓨터 선전 활동에 참여했던 것이다.

러시아 정부는 정치적 목적을 위해 봇과 컴퓨터를 이용해서 선전을 전개한 최초의 그룹 중 하나였지만, 앞으로는 더 많은 정부가 정치적 반대세력을 위협하고 침묵시키고 압박하기 위해 정보 기술을 무기화하는 전략을 채택할 것이다. 현실에서는 누구에게나 기회가 주어졌고, 정부, 정당, 민간 행위자 모두 곧 게임에 참여하기 위해 경쟁할 것이다 (Pomerantsev, 2014, 2019). 컴퓨터 선전은 이제 생활의 일부가 되었다.

오늘날 컴퓨터 선전은 허위정보를 퍼뜨리는 독재 정권에만 국한되지 않는다. 전 세계 민주주의에서도 정치 봇은 디지털 선거 운동 도구의 하나로 점점 더 간주되고 있다(Bradshaw and Howard, 2019). 지난 10년 동안 정부가 지원하는 트롤링은 아제르바이잔, 바레인, 에콰도르, 인도, 필리핀, 베네수엘라 같은 다양한 정치 체제를 갖고 있는 국가에서 독립적인 언론인과 반체제 인사를 겨냥했다(Monaco and Nyst, 2018). 2018년 사우디아라비아는 넴초프에 대해 러시아가 깔아놓은 패턴을 좇아 사우디 언론인 자말 카슈끄지Jamal Khashoggi가 사우디 비밀 요원에 의해 암살되기 전에 정부 주도의 트롤링 공격을 지시했다. 카슈끄지가 살해된 직후 사우디 봇과 트롤은 정부는 살해와 전혀 관련이 없다고 주장하면서 사우디 정부에 대한 비난을 무마하기 위해 움직였다(Benner et al., 2018; Office of the Director of National Intelligence, 2021).

조작된 시민운동, 허위성, 그리고 수동 메시지

정치 봇의 주요 용도 중 하나는 '조작된 시민운동'에 종사하는 것이다. 즉, 허위 소셜 미디어 계정을 사용해서 자발적이고 대중적인 '풀뿌리' 행동으로 위장한 운동을 수행하는 것이다(Ratkievicz et al., 2011). 조작된 시민운동의 핵심은 가짜 행동이다. 이런 가짜 풀뿌리 운동은 자신의 출처를 가리기 위해 가짜 계정을 이용한다. 가짜 계정이 자동화되면 그것을 '봇'이라고 부른다. 인간 역시 가짜 계정을 운영할 수 있다. 두 경우 모두 조직화된 가짜 행위Coordinated Inauthentic Behavior(CIB)에 관여하는 것으로 간주된다(Gleicher, 2018). 많은 정부가 과거에는 조작된 시민운동을 위해 실제 인간을 이용했다. 중국은 정부를 위한 긍정적인 온라인 '응원' 선전을 펼치기 위해 우마오당(五毛黨)이라고 불리는 댓글부대 조직을 이용했다. 베네수엘라에서는 정부가 푼토스 칸당가Puntos Candanga라는 장소를 만든 뒤 이곳에서 정부 선전을 가장 효과적으로 퍼뜨리고 온라인에서 상대방을 공격하는 방법에 대해 시민들을 훈련시켰다(King et al., 2017; Monaco and Nyst, 2018). 인간 중심의 조작된 시민운동은 자동화된 활동만큼이나 위험할 수 있지만 이 장에서는 특히 정치적으로 조작된 시민운동에서 봇이 수행하는 역할에 초점을 맞춘다.

봇 식별하기: 행위자, 행위, 콘텐츠

정치 봇은 지난 10년 동안 더 저렴해지고 이용하기에 더 쉬워졌다. 봇을 만드는 오픈소스 코드는 이제 온라인에 널려 있다. 2016년에는 깃허브Github라는 유명한 코드 공유 웹사이트에 트위터 봇을 배포할 수 있는 보관소가 4000개 이상 있었다(Kollani, 2016). 2018년에는 1만 8000개 이상의 봇 코드 보관소가 있었다(Assenmacher et al., 2020). 컴퓨터 선전은 민주화되어 의지, 지식, 그리고 자원을 가진 사람이라면 누구라도 확성기처럼 봇을 이용해서 자신의 메시지를 광자가 광섬유 케이블을 통해 이동할 수 있는 속도만큼 빠르게 대규모 청취자에게 방송할 수 있다. 이것은 디지털 정보 시대의 본질적인 과제 중 하나이다. 그러나 모든 봇이 동일하게 만들어지는 것은 아니다. 멍청이 봇은 널리 사용 가능하고 저렴하지만, 봇이 멍청할수록 메시지는 설득력이 떨어지고 보안 팀에 의해 빨리 식별되어 제거될 것이다.

조작된 시민운동, 허위정보, 그리고 봇 캠페인을 분석하는 가장 효과적인 방법 중 하나는 'ABC 모델'로, 이는 캠페인 배후에 있는 행위자actor(A), 자신의 출처를 감추면서 메시지를 퍼뜨리기 위해 사용하는 행위behavior(B), 메시지의 콘텐츠content(C) — 메시지의 형태와 주제 — 를 조사하는 것이다(Francois, 2019). 아마도 이들 중 가장 중요한 것은 정치 봇 활동의 정교함(따라서 영향력)을 결정하는 행위자일 것이다. 봇의 허위정보 공간에는 개인, 시민사회 조직, 소규모 광고회사 같은 상대적으로 작은 규모의 행위자가 많지만, 가장 효과적이고 위험한 행위자는 가장 자원이 풍부한 행위자로, 이들은 대개 정부 또는 대기업이다.

정치적 목표를 달성하기 위해 배포된 소셜 봇 — 정치 봇으로 알려져 있다 — 은 세 가지 주된 목적으로 이용된다. 바로 알고리즘 다루기, 자신의 메시지를 증폭시키거나 상대편의 메시지를 검열해서 메시지 강화하기, 온라인 공간 감시하기이다. 여기서는 세 가지 용도를 자세히 살펴보고 각각의 대표적인 사례를 검토할 것이다.

정치 봇이 이용하는 전술들

정치 봇이 활용되는 용도 중 하나는 알고리즘을 다루는 것이다. 알고리즘은 우리가 드나드는 웹페이지의 구조와 기능인 온라인 플랫폼의 보이지 않는 DNA이다. 우리는 알고리즘을 볼 수 없으나 알고리즘은 우리가 보는 것을 통제한다. 이들 알고리즘을 악용함으로써 정치 봇은 온라인에서 사용자들의 인식에 영향을 미칠 수 있다.

검색 엔진 알고리즘은 봇의 주요 목표물이다. 봇을 이용해 특정 웹사이트의 트래픽이 증가하면 해당 웹사이트의 검색 순위가 올라가 사이트의 가시성이 높아진다. 이것은 사이트를 운영하는 사람들에게 단순히 더 많은 광고 수익을 창출하는 데 사용될 수도 있고, 허위정보/오정보 사이트의 검색 순위를 높여 그 사이트를 신뢰성 없는 출처로 인식하지 못하는 사용자들을 끌어들이는 데 사용될 수도 있다.

페이스북, 인스타그램, 트위터, 유튜브 같은 사이트의 뉴스피드와 시간 관리 알고리즘은 항상 알고리즘 다루기 봇의 목표물이다. 이러한 콘텐츠 가시성 알고리즘은 보이지 않는 대량의 백 엔드 넘버 크런칭 number crunching*의 결과물이다. 게시물이 얼마나 최근에 만들어졌는지, 얼마나 많은 조회수와 댓글이 발생했는지, 사람들이 관심을 가질 만한 항목을 언급했는지 등은 어느 온라인 게시물을 볼지에 영향을 주는 많은 요인 중 일부일 뿐이다. 이러한 알고리즘은 독점적이며 장난치지 못하게 매우 엄격하게 보호되지만, 똑똑한 엔지니어들은 기본 소스코드에 접속하지 않고도 추측이나 실험을 통해 이 알고리즘이 어떻게 작동하는지 추론해 낼 수 있다. 리버스 엔지니어링reverse engineering이라고 알려진 이 과정은 악의적인 조작자로 하여금 알고리즘을 사용할 수 있게 한다. 그리고 소셜 미디어에서 콘텐츠의 특징과 가시성에 영향을 미쳐 다른 사용자로 하여금 이들 플랫폼에서 보거나 보지 못하는 것에 대해 실질적으로 통제할 수 있게 한다. 이런 유형의 다루기는 정치 봇에 의해 가장 흔하게 수행된다. 이 봇은 수많은 사람에 의해 프로그래밍되거나 구매되어 목표 게시물에 좋아요, 공유, 또는 댓글을 달 수 있으며, 그 결과 다른 인간 사용자들이 해당 게시물을 보고 공유하고 심지어 입소문을 퍼뜨릴 가능성이 높아진다. 이것이 러시아의 IRA가 2016년 미국 선거에 이용했던 많은 술수 중 하나이다. IRA는 정치적 양극화를 증가시키기 위해 미국 대중에게 분열된 가짜 뉴스를 제공하는 것을 목표로 했다(Howard et al., 2018).

알고리즘은 팔로어 봇에 의해 정치적 목적으로 다루어질 수도 있는데, 이것은 소셜 미디어에서 계정의 인기를 인위적으로 높이는 데 이용된다. 전 세계의 정치인, 연예인, 사업가, 인플루언서 지망생은 자신의 온라인 인기도를 올리고 사회적 신뢰도를 높이기 위해 정기적으로

* 거대한 규모의 숫자 데이터에 대해 간단한 연산을 수행하는 것_옮긴이

가짜 팔로어들을 구매한다(Confessore et al., 2018). 전 미국 하원의장 뉴 깅그리치Newt Gingrich의 한 보좌관은 2011년 깅그리치가 가짜 팔로어들을 대량으로 구매했다는 혐의를 제기했다(Cook, 2011a). 외부 학계 및 업계 관찰자들은 깅그리치의 트위터 팔로어들이 의심스러운 특징을 갖고 있음을 알았고, 한 회사는 그들 중 90% 이상이 가짜라고 추정했다(Cook, 2011b; Indiana University Center for Complex Networks and Systems Research, 2011). 모든 사람이 정치 봇의 위험성에 대해 이야기하던 2020년에도 그 관행은 여전히 널리 퍼져 있었다. 2020년 대만 총통 선거의 후보 쑹추위(宋楚瑜)는 2020년 12월 선거 한 달 전 어느 주말에 팔로어를 거의 네 배로 늘렸는데, 이는 가짜 팔로어의 구매를 강력하게 시사하는 것이다(Monaco et al., 2020).

정치 봇은 바람직하지 않은 메시지에 대한 검열('댐프닝dampening'이라고 불린다) 또는 바람직한 메시지에 대한 증폭('메가포닝megaphoning'이라고 불린다)을 통해 정치적 메시지 전달을 보다 직접적으로 운영하는 데에도 이용된다. 이는 봇 설계자가 같은 방법을 이용해 얻어내는 두 가지 상반되는 목적이다. 봇 설계자들은 특정 대상의 청중에 대한 정치적 메시지를 증폭하거나 배제함으로써 해당 청중의 정치적 인식을 형성할 수 있다.

온라인에서 특정 콘텐츠를 증폭시키고 정치적 구상과 행위자에게 인기에 대한 환상을 심어주며 편승 효과를 생성하기 위해 봇과 컴퓨터 선전을 이용하는 것은 '합의 조작manufacturing consensus'으로 알려져 있다(Woolley, 2018). 이 개념은 에드워드 허먼Edward Herman과 노암 촘스키Noam Chomsky의 '여론 조작manufacturing consent'이라는 관념에 기초해 만들어진 것으로, 대중 매체가 "시장 지배력, 내면화된 가정, 자기 검열에 의존하고, 명시적인 강제는 없는 시스템의 지원을 받는 선전 기능을 수행하는 강력한 이념적 기관"으로 기능할 수 있다는 원칙이다(Herman and Chomsky, 2002). 합의 조작을 하려는 최근의 시도 중 하나는 미국 연방통신위원회Federal Communications Commission(FCC)의 '망 중립성'을 폐지하자는 제안에 대한 공청회에서 일어났다. 이 제안은 거의 2200만 개의 댓글을 받았는데, 그중 대다수는 망 중립성에 반대했다. 자세히 조사해 보니 그 댓글의 대부분은 봇이 작성한 것이었다. 계정과 댓글에는 봇 활동의 숨길 수 없는 몇 가지 징후가 있었다. 댓글은 약간의 변화만 있는 정형화된 언어를 사용했고, 수십만 개의 댓글이 같은 순간에 게재되었으며, 많은 댓글의 출처가 해킹된 이메일이나 러시아 이메일 주소였고, 훔친 아이디를 사용했다(Bergstrom and West, 2020: 34). 사기성 봇 계정은 망 중립성에 대한 여론을 조작해서 미국인들이 망 중립성을 지지하지 않는 것처럼 보이게 했다. 그러나 미국인들은 망 중립성을 지지했다. 러시아 봇 게시물들을 거르자 99.7%의 댓글이 망 중립성을 지지했다. 오프라인 여론조사 또한 이 같은 압도적인 지지를 보여주었다(Mozilla, 2017; Singel, 2018).

정치 봇은 여론을 조작하는 데서 여러 가지 전술을 사용한다. 정치 봇은 혼란을 일으키고 정적을 더욱 괴롭히기 위해 특정 콘텐츠를 약화시키거나 확대하고 유권자의 행동에 직접 영향을 미치고자 시도한다. 아래에서는 이러한 전술 각각의 주목할 만한 예를 검토하려 한다.

댐프닝

봇 검열의 형태 가운데 하나는 댐프닝dampening, 즉 약화시키기이다. 디지털 이전의 검열은 정보 희소화 전략에 의존했는데, 이는 금지된 생각 및 서류를 보거나 얻거나 논의하는 것을 더 어렵게 만드는 것이었다. 초기 인터넷 마니아들은 대체로 온라인 영역은 이러한 형태의 검열에 영향을 받지 않는다고 생각했다. 이 같은 입장은 인터넷 선구자인 존 길모어John Gilmore에 의해 깔끔하게 표현되었다. 그는 인터넷은 "검열을 피해로 간주하고 검열을 우회한다"라는 유명한 말을 남겼다(Elmer-Dewitt, 1993). 하지만 2000년대 후반에 이르자 인터넷이 검열로부터 안전하다는 생각은 정치 봇 앞에서 허점을 보이기 시작했다. 정치 봇은 인터넷의 특징인 정보 풍요성을 활용하는 새로운 검열 전략을 사용했던 것이다(Monaco and Nyst, 2018).

초기 크롤러 봇의 역사에서 알 수 있듯이, 봇은 항상 다루기 어려운 정보 과부하를 단순화하는 강력한 도구였다. 디지털 세계의 끊임없이 확장되는 광대함의 엄청난 규모가 사람들을 사로잡았을 때, 나쁜 사람들은 이런 광대함이 자기들 목적에 맞게 쉽게 바뀔 수 있음을 깨닫기 시작했다. 인터넷을 검열 불가능한 것처럼 만든 바로 그 정보 풍요성이 새로운 형태의 검열을 만드는 데 악용될 수 있다는 것을 깨달은 것이다. 봇이 정보를 모으고 요약해서 웹을 탐색하기 쉽게 만드는 데 도움이 될 수 있다면, 끊임없이 정보를 만들고 확산시켜서 웹을 탐색하기 어렵게 만들 수도 있었다. 만일 봇이 정보 생태계를 범람시키고 흙

탕물로 만드는 데 활발하게 이용되면, 사람들은 진실을 찾는 일, 심지어 진실에 대한 생각을 포기할 것이라고 그들은 추론했다. 한 정보학자가 말했듯이 "정보 과잉은 권력자에게 불편한 사건이나 사실에 대한 관심 또는 신뢰성을 부인함으로써 진실을 감출 수 있다"(Tufekci, 2017: 273). 불협화음에는 합의가 없기 마련이다.

정치 봇을 검열 도구로 활용하도록 유도하는 것은 바로 이 같은 통찰력이다. 댐프닝이란 하나의 메시지를 약화시키기 위해 다른 메시지를 증폭시키는 기술이다. 바람직하지 않은 메시지를 약화시키는 데 이용될 수 있는 전술은 두 가지인데, 바로 해시태그 대체와 해시태그 하이재킹/오염이다. 해시태그 대체는 온라인상에서 다른 메시지를 '제거하는bumping' 기술이다. 소셜 미디어에서 유행하는 주제는 아주 쉽게 다룰 수 있는 알고리즘에 의존하기 때문에 목표로 삼기에 적당하다. 특히 초기에는 트위터에서 유행하는 주제들이 특정한 해시태그나 키워드를 언급하는 트윗 수의 단순한 함수였다. 더 많은 트윗에 특정 해시태그 또는 키워드가 포함되면 전 세계 사용자들은 유행하는 주제에서 해당 해시태그를 볼 가능성이 높아진다. 봇은 몇 초 안에 초인적인 수의 트윗을 만들 수 있기 때문에 항의를 목표로 해시태그를 조직하는 데 사용되었으며, 다른 해시태그를 사용해 유행하는 주제의 상위 자리를 차지함으로써 항의가 눈에 덜 띄게 만들었다. 결과적으로 어떤 행위자가 봇을 충분히 갖고 있으면 주어진 주제에 대한 이야기를 통제할 수 있다. 댐프닝의 사례는 2010년대에 중국, 멕시코, 러시아, 시리아, 티베트, 베네수엘라를 포함해 전 세계에서 일어났다(Gallagher, 2015;

King et al., 2017; Krebs, 2012; Munger et al., 2019; Qtiesh, 2011; Stukal et al., 2020).

해시태그 중독

반대의 접근 방식, 즉 해시태그를 목록에서 내리는 것보다 과다 사용하는 방법은 정치 봇 제작자의 병기창에 있는 또 다른 유용한 술수이다. 해시태그 중독은 온라인에서 떠들썩하게 조직되고 진압되었던 아랍의 봄 시위 중에 일어났다. 2011년 초 시리아의 민주화 운동가들은 장기 집권 중인 바샤르 알-아사드Bashar al-Assad 대통령의 집권에 반대하는 시위를 시작했다. 이것이 아랍의 봄이라고 알려진, 그 지역 전역에 걸친 시위의 시작이었다. 이에 대한 대응으로 아사드는 반체제 인사들을 직접 또는 온라인에서 폭력적으로 단속하기 시작했다. 민주화 운동가들은 소셜 미디어에서 #Syria라는 해시태그를 자주 사용함으로써 노력을 결집하고 급변하는 형세를 유지했으며, 아시드에게 압력을 주기 위해 서로 간에 그리고 전 세계 대중과 정보를 공유했다. 한 연구자는 익명의 계정이 친정권 트윗 또는 관련 없는 콘텐츠(축구 시합 또는 시리아 풍경 그림 같은)의 트윗으로 해시태그를 오염시키기 시작하자 이 해시태그가 조직화 도구로서의 효과를 잃기 시작했다는 것을 알아차렸다. 일곱 개 계정의 조합이 몇 분마다 #Syria, #Mar15, #Daraa 같은 항의 해시태그를 사용하면서 이런 양상을 보였다. 후에 바레인 민간 기업인 EGHNA 디벨롭먼트 앤 서포트EGHNA Development and Support가 해시태그를 뿌려댄 친아사드 봇 계정의 배후라는 것이 밝혀졌다. 그 회사는 웹사이트의 '성공 스토리' 부분에 계정 중 하나를 올림으로써 스스로를 드러냈다(Qtiesh, 2011).

지구 반 바퀴 너머에 있는 티베트를 중국의 지배로부터 해방시키려는 운동에서도 같은 전술이 사용되었다. 2012년 사이버 보안 전문가인 브라이언 크렙스Brian Krebs는 #tibet, #freetibet이 봇처럼 보이는 계정으로 넘쳐나고 있다고 지적했다. 봇의 여러 트윗이 스팸을 뿌렸는데 대부분의 계정은 팔로어가 없었다(Krebs, 2012). 소셜 미디어에 대한 이러한 해시태그 중독 공격은 2년 전 전통적인 사이버 스파이 활동으로부터 진화한 것이었다. 2년 전의 사이버 스파이 활동은 달라이 라마와 망명 중인 전 세계 티베트인들을 겨냥했으며 103개국의 1295대 이상의 컴퓨터를 오염시켰다(Markoff, 2009). 티베트와 시리아에서 일어난 이런 악의적인 활동은 새 시대의 전조였다. 정보 공간이 사이버 전쟁에서 새로운 공격 대상이 되었던 것이다.

디도스 공격

정치 봇은 또한 1장에서 논의한 디도스(분산 서비스 거부) 공격을 이용해 메시지를 약화시킬 수 있다. 봇은 한 번에 수백만 또는 수십억 건의 요청으로 웹사이트의 서버를 과부하시켜서 사이트를 실질적으로 오프라인 상태로 만들 수 있다. 이 전략은 독재 정부에 비우호적인 메시지를 퍼뜨리는 웹사이트와 서비스를 목표로 삼아 시시때때로 반복

사용되었다.

모든 유형의 행위자가 보복을 위해 디도스 공격을 사용했다. 2010년 해커 활동가 그룹인 어나니머스Anonymous는 페이팔, 마스터카드, 비자의 웹사이트가 위키릭스Wikileaks에 대한 기부 처리를 중단하자 '되갚기 작전Operation Payback'이라는 엄청난 디도스 공격을 감행했다(Streams, 2012). 에콰도르에서는 디도스 공격이 세 개의 온라인 언론 매체의 웹사이트를 다운시켰는데, 이는 그 사이트들이 이탈리아 스파이웨어 회사인 해킹 팀Hacking Team이 최악의 인권 기록을 가진 권위적인 정부에 해킹 도구를 판매했다고 폭로한 기사를 발간한 후였다(Fundamedios, 2015). 러시아 정부 역시 사이버 전쟁의 초기에 디도스 공격을 선호해 자국 내의 독립 언론 매체들을 공격했으며, 에스토니아, 조지아, 리투아니아, 우크라이나에 있는 해외 정부도 목표로 삼았다(Shachtman, 2009; Clayton, 2014; Markoff, 2008; Soldatov and Borogan, 2015: 151).

디도스 공격은 지구 구석구석을 공격하고 있다. 이러한 공격을 막는 유일한 방법은 네트워크가 일상적인 상태에서 수신할 수 있는 것보다 훨씬 많은 수신 데이터를 처리할 수 있도록 하는 것인데, 이는 비용이 많이 드는 방식이다. 자원이 풍부한 행위자가 강력한 컴퓨터 성능으로 당신을 겨냥한다면 마비시키는 공격은 항상 코앞에 닥칠 수 있다. 클라우드플레어Cloudflare 같은 대형 웹사이트 호스팅 사업자는 이제 디도스 방어를 서비스의 하나로 갖추고 있으며, 구글의 디지털 권리 싱크탱크인 직소Jigsaw 같은 회사는 억압적인 상태에 있고 위험에 처한 전 세계의 NGO와 미디어 창구를 보호하기 위해 프로텍트 실드Protect

Shield 같은 무상 도구를 만들었다(Sawers, 2019). 이런 대비책에도 불구하고 디도스 공격은 앞으로도 지속적인 문제가 될 것이다. 특히 쉽게 해킹할 수 있는 IoT 장치가 전 세계 소비자 시장에 범람하면서 봇넷에 끌려가기만을 기다리고 있기 때문이다.

증폭

봇은 댐프닝 또는 디도스 공격을 통해 메시지를 검열하는 최적의 도구이다. 봇은 더 많은 사람에게 도달되도록 특정 메시지를 증폭하는 데에도 똑같이 유용하다. 증폭 기술을 사용하는 정치 봇은 일상의 디지털 홍보의 핵심으로, 민간 부문 행위자가 운영하는 자동화된 온라인 설득 활동을 기반으로 한다. 기업은 종종 온라인에서 경쟁 우위를 점하기 위해 자사 상품의 인기를 부풀리는 데 봇을 사용한다. 이에 대한 최초의 문서화된 사례는 한국의 기술 회사인 삼성의 마케팅 활동이었다. 삼성은 대만에서 자사의 상품을 홍보하고 현지 경쟁업체를 공격하기 위해 유료 작가들과 가짜 후기를 이용해 여론을 조작했다. 이 사건은 '라이터게이트Writergate(寫手門)'로 알려지게 되었다. 대만의 공정거래위원회는 2013년 그 활동에 대해 삼성에 34만 달러의 벌금을 부과했다(Agencies, 2013; Kung, 2018b).

봇은 여론을 조작하는 것 외에 명성 관리에도 사용될 수 있다. 이는 종종 자신의 흑역사를 세탁하고 싶거나 대중의 눈으로부터 멀어지고 싶은 개인이나 그룹에 의해 사용된다. 종교 광신도들은 자신들의 불명

예스러운 지도자를 긍정적인 시각으로 묘사하기 위해 봇을 이용했다. 인도에서는 활달한 봇넷이 투옥된 선지자 람팔 싱Rampal Singh의 가르침을 홍보하고 있다. 싱은 스스로를 '인간 신'이라고 주장하면서 1990년대 후반에 인도에서 아슈람(힌두교 기도처)을 시작했다. 그는 2014년에 여러 건의 살인혐의와 법정 모독으로 투옥되었다. 트위터에서 싱을 홍보하는 봇(대부분 하루 평균 1000개 이상의 트윗을 하는)이 그의 가르침과 위상을 계속 칭송했다(Monaco, 2019b). 이러한 계정들 중 일부는 트위터에서 제거되었으나 아직도 많은 계정이 온라인 상태로 남아 있다.

이러한 전술은 민간 부문의 명성 관리에만 국한되지 않는다. 정부는 정치적 합의를 조작하기 위해 홍보 회사를 이용하고 있다. 정부가 지원하는 조작된 여론 활동의 초기에 정부는 조직 내에서 봇 메시징 활동을 실행하기 위해 종종 자체적으로 기반 조직과 인력을 구축했다. 시간이 지나면서 이런 작업은 점점 더 '비공식 홍보 회사'에 외주되었다. 이 회사들은 이러한 정부의 지저분한 과제를 기꺼이 수행하고, 허위정보 캠페인을 운영하고, 돈을 지불하는 고객의 상대편을 공격한다(Monaco and Nyst, 2018b; Silverman et al., 2020). 이런 작업을 외주함으로써 정부는 디지털 선전으로부터 한 발짝 물러서게 되고, 디지털 조작에 대한 비난이나 조사에 직면했을 때에도 그럴듯하게 부인할 수 있는 여지를 남긴다(Guo, 2021). 여러 면에서 볼 때, 정부의 소셜 미디어 정보 작전을 수행하는 민간 기업은 디지털 시대를 위한 또 다른 종류의 로비스트일 뿐이다(Brogan, 1993; York, 2012).

괴롭힘

정치 봇은 또한 전 세계에 걸쳐 정부가 지원하는 트롤링을 확산하는 데 이용된다. 아제르바이잔, 바레인, 중국, 에콰도르, 필리핀, 러시아, 베네수엘라는 활동가들이 정부 지원 온라인 공격으로 괴롭힘을 당한 국가 중 일부에 불과하다(Monaco, 2019a). 튀르키예의 온라인 영역은 봇 괴롭힘의 초기 온상이었다. 2013년 튀르키예에서는 민주화 운동인 게지공원Gezi Park 시위가 시작되었다. 이 시위에서는 에르도안 대통령과 그의 정당 AKP에 반대했는데, 그는 차츰 나라 안 민주주의를 약화시키려 하고 있었다. 시위를 보도한 독립신문의 언론인들은 봇으로부터 맹렬하게 공격당했다. 튀르키예 일간지 ≪줌후리예트Cumhuriyet≫의 기자 셀린 기릿Selin Girit은 한창 활동할 때 분당 수십 개의 강간 협박을 받았는데, 대부분 봇으로부터였다(Monaco and Nyst, 2018). 몇 달 후 튀르키예는 미래의 반체제 인사를 선제적으로 압박하려는 시도로 6000명으로 구성된 디지털 선전 팀인 뉴 튀르키예 디지털 연구소New Turkey Digital Office를 조직했다(Albaylak and Parkinson, 2013). 이 사무실은 정치 봇을 이용해 튀르키예 트위터상에 유행하는 주제에 AKP에 우호적인 주제와 감성을 밀어 넣었다(Blute and Yoruk, 2017). 2013년 이후 이들 봇은 튀르키예의 언론인과 반체제 인사에게 독기어린 공격을 집요하게 확대했는데, 실제로는 소수의 사람이 수행한 공격인데도 여론의 지지를 불러일으켰다(이는 합의 조작의 또 다른 예이다). 경우에 따라 이러한 활동은 목표 대상을 침묵시키는 데 성공했다. 또한 튀르키예

정부는 그 정책에 대해 공격하는 발언을 없애려 노력했다(상대에게는 기꺼이 봇을 사용했으면서도 말이다). 2014년과 그 이후 몇 년 동안 튀르키예는 지구상의 다른 어느 나라보다 트위터에 콘텐츠 제거 요청을 많이 했다(*Hürriyet Daily News*, 2014, 2017; SCF, 2020).

정치 봇과 그 용도

정치 봇이 선거를 조작하는 데 사용되고 있다는 것이 일반적인 상식이 되면서 정치 봇은 2016년 전 세계 사람들에게 널리 알려졌다. 2016년 치러진 두 차례의 선거, 바로 영국의 브렉시트 국민투표와 미국 대통령 선거를 통해 봇은 이러한 새로운 악명을 얻었다. 영국의 브렉시트 국민투표(결국 통과되어 영국이 유럽연합을 탈퇴하기로 결정한 투표)에서 옥스퍼드 인터넷 기구Oxford Internet Institute(OII)의 연구원들은 그 행사에 대한 온라인 대화가 비인간 음성에 의해 장악되었던 것을 알아냈다. 6월 5일부터 6월 12일까지 트위터 대화의 한 샘플은 브렉시트 대화에 참여했던 아주 작은 계정 조각(1% 미만)이 브렉시트에 대한 30% 이상의 트윗을 생성했음을 보여주었다(Howard and Kollany, 2016). 트위터가 더 이상 '자유로운 생각들의 시장'이 아니라는 것은 고통스럽지만 사실이었다. 가장 큰 목소리로 말하는 사람들, 자동화를 통해 자신의 목소리를 증폭시킬 수 있는 사람들의 메시지가 더 자주 더 많은 사람에게 전달되었다.

같은 해, 미국 대선 후보들이 선거운동을 시작하자 정치 봇이 미국 쪽 인터넷에 범람했다. 공화당 예비 선거에서는 '라티노Latino' 봇이 네바다주 예비선거에서 도널드 트럼프를 위해 합의 조작을 했다(Woolley and Howard, 2016). 정당들이 자신의 후보를 지명한 후에는 이런 활동이 최고조에 달했다(Kollanyi et al., 2016). 서던 캘리포니아대학교의 한 연구에 따르면, 단 한 달 만에 40만 개의 봇이 트위터에서 모든 선거 관련 정치적 논의의 20%를 점했다(Bessi and Ferarra, 2016). 토론 중인 후보자에 대한 트위터 대화를 분석한 결과, 민주당 후보 힐러리 클린턴과 공화당 후보 도널드 트럼프 둘 다 지지하는 봇이 있긴 했지만 클린턴보다 트럼프를 지지하는 봇이 훨씬 더 많았다. 9월에는 친트럼프 봇이 친클린턴 봇보다 4 대 1로 많았는데, 선거일에는 그 비율이 5 대 1까지 이르렀다(Kollanyi et al., 2016). 봇은 단순히 시끄러운 데 그치는 것이 아니었다. 봇은 자신의 메시지가 더 널리 확산되는 소셜 네트워크의 위상에까지 도달하고 있었다(Bessi and Ferrara, 2016; Woolley and Guilbeault, 2017).

이처럼 어마어마한 정치 봇 부대가 선거 기간 동안 온라인 여기저기에 있었지만 그 봇을 조종하는 인간들은 다양한 이해관계와 목적을 갖고 있었다. 미국 내의 정치 행위자들은 자신이 선택한 후보를 지지하기 위해 봇을 배치했지만 다른 나라의 정치 행위자들 역시 게임에 참여했다. 러시아의 IRA — 2015년 보리스 넴초프의 죽음에 러시아가 개입했다는 데 대해 의문을 제기한, 크렘린과 계약한 회사 — 는 전례 없는 규모와 자원의 정보 작전으로 미국 대통령 선거를 겨냥하고 있었다(Howard et al., 2018; Sanger, 2019). IRA의 활동이 항상 한 후보자 또는 다른 후보자에 대한 정치적 지원을 만들어내는 것을 목적으로 한 것은 아니었다. 종종 혼란을 일으키는 것만으로도 충분했다. 즉, 유권자들이 관심을 잃으면 그 자체로 성공이었다. 손을 놓은 시민, 진상 규명을 포기한 시민, 제도에 대한 믿음을 잃은 시민, 투표하지 않기로 선택한 시민 — 이런 것은 민주주의에 대한 믿음을 약화시키려는 활동가에게 승리였다.

브렉시트 국민투표와 미국 대통령 선거는 봇 역사에서 분수령이었다. 이 두 선거로 인해 정치 봇은 일반 대중의 관심권에 진입하게 되었다. 하지만 봇은 2016년 훨씬 이전부터 국내 선거에 개입해 왔다. 많은 사람들은 봇이 선거 입후보자에 대한 인식에 영향을 미치는 강력한 도구라는 것을 이미 알고 있었다. 대만의 한 디지털 마케팅 및 조작 실무자가 말했듯이 봇과 가짜 계정에 대한 접속권을 갖는 것은 "손 안에 군대를 갖는 것"과 같았다(Kung, 2018a).

멕시코는 온라인상의 국가 정치적 대화를 지배하고 왜곡하기 위해 이러한 인식을 실제 디지털로 구체적으로 시도한 최초의 국가 중 하나였다. 2012년 멕시코 대통령 엔리케 페냐 니에토Enrique Peña Nieto의 재선을 지원하는 봇이 트위터에 가득 찼다. 대통령 선거 토론 후에 봇은 페냐가 토론에서 이겼다고 주장하는 해시태그 #PeñaGanaDebate를 푸시했다. 대통령을 지지하고 반대 의견을 잠재우는 자동화된 에이전트는 너무 일반화되어서 멕시코에서는 페냐봇Peñabot이라는 새로운 단어가 만들어졌다(Baker, 2015). 페냐 니에토의 재선을 위해 봇이 지원한 것은 페냐 니에토가 재선된 후 멕시코의 시민사회, 언론인, 학자들을 대상으로 이루어진 더 큰 기술적 악용의 전조였다. 페냐 니에토의 두 번째 임기 동안 스파이웨어 운동과 대규모의 온라인 괴롭힘 때문에 멕시코는 언론인에게 가장 적대적인 환경이 되었다(Reguillo and Maloof, 2015; Scott-Railton et al., 2017).

멕시코가 이런 길을 밟은 유일한 국가는 아니다. 디지털 선거 운동은 선거가 끝나도 거의 멈추지 않기 때문이다. 선거가 성공적으로 끝나면 후보를 홍보하고 상대방을 헐뜯었던 디지털 선거 운동 기계는 종종 집권당의 공식적인 국가 지원 트롤링 장치로 전환된다. 2012년 이후 이 같은 일이 에콰도르, 인도, 멕시코, 필리핀에서 벌어졌다(Monaco and Nyst, 2018).

페냐봇이 멕시코의 트위터 공간을 범람한 같은 해에 지구 반대편에 있는 또 다른 정부는 총선의 결과에 영향을 미치기 위해 자국민들을 겨누고 있었다. 한국의 최고 정보기관인 국정원은 대통령 선거에서 자신이 선호하는 후보를 지원하기 위해 디지털 조작 활동을 벌였다. 국정원(NIS)은 집권당 대통령 후보이자 남한의 전 군사 독재자 딸인 박근혜를 지원하고 그녀의 상대편인 문재인을 비방하기 위해 체계적인 온라인 선전전을 펼쳤다. 박근혜 후보가 110만 표라는 비교적 근소한 차이로 이겼는데, 선거 이후 국정원의 작전이 밝혀졌다. 박 대통령은 사전에 알지 못했으며 자신은 디지털 운동과 관련이 없다고 주장했지만 당시 국정원 원장이던 원세훈은 이 활동에 대해 유죄 판결을 받고 징역 7년을 선고받았다(Sang-Hun, 2017). 국정원의 자체 조사에서는 30개 "팀이 친정부 의견을 퍼뜨리고 반정부 의견을 진압하고 반대 견해에 대해 종북 세력의 국정 혼란 시도라고 덮어씌운 혐의로 기소되었다"라고 보고했다(McCurry, 2017). 검찰은 국정원이 이 운동에서 120만 개 이상의 트윗을 게시했다고 밝혔으나 학계 연구자들은 실제 규모가 700만 개에 달했을 것으로 추정했다(Keller et al., 2020; Sang-Hun, 2013). 이것은 정부가 자신의 선거에 개입한 현행범으로 적발되어 책임 있는 관료들이 기소된 보기 드문 사례 중 하나이다.

봇이 정치적 사건, 후보자, 그리고 이슈에 대한 유권자들의 인식에 영향을 미치기 위해 사용되고 있음은 분명하다. 그러나 다음 절에서 볼 수 있듯이 봇은 주로 특정 핵심 영역에서 유권자 투표율을 끌어내리거나 올림으로써 그리고 정치적 상대편을 감시함으로써 선거 결과에 직접 영향을 미치는 시도로도 이용될 수 있다.

투표율에 영향 미치기

봇 증폭이 항상 정치적 전환을 목적으로 하는 것은 아니다. 봇 증폭은 종종 유권자가 누구를 지지할 계획인지를 알아내는 것, 그리고 투표율에 영향을 끼치는 것을 목표로 한다. 만일 유권자의 마음을 바꿀 수 없다면 유권자가 집에 그냥 있도록 설득하는 것도 좋을 것이다. 봇은 전 세계에서 선거 및 국민투표의 투표율을 떨어뜨리는 데 이용되어 왔다. 이전에 마케도니아로 알려졌던 나라가 공식 명칭을 '북마케도니아'로 바꾸는 국민투표를 실시했을 때, 소수의 과잉 활동 계정이 온라인상에 나타나 해시태그 #Бојкотирам(#boycott)을 이용하면서 유권자들에게 국민투표를 거부하도록 촉구했다. 나이지리아의 동부 비아프라 지역의 봇넷 역시 유권자들에게 2019년 나이지리아 대통령 선거 동안 집에 머물도록 권고하는 비슷한 전술을 사용했다(Woolley and Monaco, 2020).

감시

봇의 가장 지속적인 정치적 용도 중 하나는 디지털 감시이다. 감시surveillance라는 용어가 대체로 부정적인 의미이지만(그리고 당연히 그렇다) 여기서는 중립적으로 모든 종류의 자료 수집을 의미한다. 물론 감시는 종종 비도덕적인 목적을 위해 사용된다. 예를 들어, 반체제 인사에게 대규모 온라인 허위정보와 괴롭힘 공격에 이용하기 위해 정보를 수집하거나 억압적인 정권에서 조정과 자기 검열을 부과하는 방법으로 감시가 사용된다. 감시는 심지어 시시한 조작에도 이용될 수 있다. 예를 들어, 정치 행위자가 유권자의 선호도를 확인해 유권자를 투표에 참여하게 하거나 집에 머무르도록 하는 것도 감시이다. 하지만 온라인 감시는 합법적인 용도도 갖고 있는데, 예를 들면 소셜 미디어 플랫폼에서 사회과학 연구를 위한 자료를 수집하거나 사기업이 소셜 미디어 플랫폼에서 합법적이고 허가된 자료를 수집하는 데에도 사용된다. 이 모든 경우에서, 좋은 봇이든 나쁜 봇이든 중립적인 봇이든 간에, 봇은 대규모 온라인 감시를 가능하게 하는 데 사용되는 주요 도구이다.

다음 단락에서 설명하는 것처럼, 봇을 사용한 감시는 수동적일 수도 있고 능동적일 수도 있다. 수동적 감시는 일반적으로 조용하며 아무도 모르게 뒤에서 작동한다. 이는 사용자에 대한 대량의 데이터를 수집 및 처리하며, 이 데이터를 사용해서 구매 패턴, 투표 유형, 사회관계 등 우리의 선호도를 예측한다. 반면 능동적 감시는 공개되어 있다. 따라서 책임감을 강화하고 특정 영역에서 투명성을 창출하기 위해 또는 신상 털기 같은 비도덕적 목적을 위해 사용될 수 있다.

수동적 감시: 정보 수집과 분석

1장 봇 진화의 역사에서 보았듯이, 온라인 정보의 신속한 수집자이자 숙련된 조직 담당으로서의 봇의 역할은 1990년대 중반 봇이 처음으로 웹 색인을 생성하기 시작하면서 최초의 검색 엔진의 근간을 만들었을 때 명백해졌다. 오늘날 봇은 이러한 기술을 소셜 미디어 사이트로 확장해서 사회적, 정치적, 또는 상업적 목적을 위해 사용자들에 대한 정보를 모으고 처리한다.

봇은 API(트위터 같은 소셜 미디어 사이트에서 선택한 데이터에 대한 합법적인 접근권을 제공하는 디지털 '문')를 통해, 또는 목표 웹사이트에 대한 스크래핑(스크래핑은 문을 통과하는 것보다 창문을 기어 올라가는 것에 비유될 수 있다. 스크래핑은 개발자가 공유하려는 것보다 더 많은 데이터에 접근할 수 있도록 한다)을 통해 소셜 미디어 플랫폼으로부터 정보를 수집할 수 있다.[1] 어느 경우이든 봇은 감시의 형태를 띤다. 이 데이터가 사용자 모르게 수집된다면 또는 자신들 목적을 위해 수집된다면(예를 들면, 대기업이 마케팅 제품을 결정하기 위해 사용자의 검색 패턴 또는 인구 통계 데이터를 추적하는 경우) 이것은 수동적인 감시의 한 형태이다. 이러한 봇은 웹페이지와 사용자에 대한 정보를 조용히 수집하고 있다.

아마도 우리는 이것을 온라인 정보 수집이라고 생각할 수 있다. 이것이 일반적으로 더 큰 프로젝트의 첫걸음이다. 수집된 데이터는 수집된 후 분석되거나 가공된다. 이런 종류의 은밀한 온라인 데이터 수집은 2014년 대만 수도인 타이베이 시장 선거에서처럼 선거 기간 동안 종종 일어난다. 데이터 분석 회사인 큐서치QSearch는 그 선거에서 대만 페이스북 사용자들의 정보를 수집하는 데 봇을 사용했다. 큐서치는 이 선거에서 두 후보 중 한쪽인 커원저(柯文哲)를 위해 작업했는데, 상세한 유권자 프로필을 만들고 그의 연설, 광고, 실수에 대한 시민들의 반응을 실시간으로 측정하는 데 봇을 사용했다(Monaco, 2017). 선거에서 커원저가 이겼고, 큐서치와 파생그룹(큐서치 공동 창업자 중 한 명이 커원저가 승리한 직후 설립한 정치 컨설팅 회사 오토폴리틱Autopolitic)은 오늘날까지 활발하게 활동하고 있다(Liu, 2019). 이것은 2016년 캠브리지 애널리티카Cambridge Analytica가 악명 높게 사용했던 더욱 전반적인 감시와 데이터 수집 기술의 일부일 뿐이다. 캠브리지 애널리티카는 공화당 후보인 테드 크루즈Ted Cruz와 도널드 트럼프를 위해 소셜 미디어와 여러 웹사이트를 스크랩해서 미국 유권자 개개인의 '심리학적' 프로필을 만든 다음 전략적 맞춤형 메시지로 유권자들을 목표로 삼았다(Wong, 2019).

실제로 정부(또는 정부와 계약을 맺은 민간 기업)는 목표 관심 인사target persons-of-interest(POI)에 대한 상세한 데이터를 정기적으로 수집한다. 개인에 대한 점점 더 많은 데이터가 온라인에 공개되고 있기 때문에 스크래핑 봇은 이러한 유형의 정보 수집에 유용한 도구이다. 저자와의 대화에서 미국 정보 커뮤니티의 전 회원은 링크드인LinkedIn을 정부를 위한 "세상에서 가장 가치 있는 정보 플랫폼"이라고 언급했다. 2020년에는 전화 데이터Zhenhua Data — 중국의 군부 및 정보기관과 연계된 중국 회사 — 가 240만 명에 대한 정보 데이터베이스를 만들기 위해 웹사이트와 소셜 미디어 플랫폼으로부터 공개적으로 사용 가능한 온라인 정보를 스크랩했다는 것이 유출을 통해 드러났다. 이 이야기를 전한 뉴스 에이전시는 전화 프로젝트를 "개인과 조직에 대한 세밀한 프로필을 만들기 위해 공개적으로 사용 가능한 데이터를 인공지능을 이용해 샅샅이 훑는 복잡한 대규모 작업"이라고 설명했는데(Probyn and Doran, 2020, 2020), 이는 크롤러 봇이 없었다면 완수할 수 없는 엄청난 과제였다. 미국에서는 클리어뷰 AIClearview AI로 알려진 창업 기업이 페이스북, 유튜브, 벤모, 그리고 수백만 개의 다른 웹사이트에서 이미지를 스크래핑하는 데 봇을 이용해 30억 개 이상의 얼굴 이미지에 대한 데이터베이스를 수집했다. 클리어뷰 AI는 이 이미지들을 안면 인식 소프트웨어를 훈련시키는 데 이용했고 정부 기관과 민간 기업에 판매했다(Hill, 2020; Mac et al., 2020).

이런 사례에서 분명히 알 수 있듯이, 수동적 감시 봇은 개인의 사생활과 인권에 상당한 위협을 제기한다. 행위자는 개인의 내밀한 세부사항을 알기 위해 기밀 정보나 개인 데이터에 접근할 필요가 없다. 어느 개인에 대해서든 합법적이고 공개되어 있는 웹상의 데이터 양이 상당하고 매일 커져가고 있으므로 봇이 그 데이터를 분석 처리해서 아주 상세하고 무섭도록 정확한 프로파일을 만드는 것은 대단히 쉽다. 공개된 소스로부터 정보를 선택하고 분석하며 짜 맞추는 과정을 공개 출처 정보open-source intelligence(OSINT)라고 한다. 훌륭한 공개 출처 정보 분석을 만드는 데에는 상당한 시간과 기술이 필요하지만 이를 수행할 만한 자원을 갖고 있는 민간 기업과 정부는 기꺼이 투자를 할 것이다. CIA의 전 부국장은 공개 출처 정보 수집과 분석을 전담하는 미국 정보기관의 창설을 촉구했다(Zegart and Morell, 2019).

인간이 만들어낸 데이터의 총량 — 즉, 디지털 유니버스 — 은 계속 확장하고 있는 실제 우주와 마찬가지로 기하급수적으로 늘어나고 있다. 공개된 데이터의 양이 수백 제타바이트(10의 21승)를 초과하는 미래 세상에서 봇은 공개 출처 정보에 대한 수집과 분석을 자동화하는 핵심 도구가 될 것이다. 전화Zhenhua AI와 클리어뷰 AI는 이 세상에서 봇이 핵심적인 역할을 할 것이며 개인 사생활에 대한 인공지능의 위협이 상당하다는 것을 통렬하게 보여준다. 우리는 시민의 자유와 디지털 자유를 침범하지 않으면서 필요한 데이터를 수집하는 데서 봇을 어떻게 책임감 있게 이용할 수 있을까? 이것은 미래의 기업, 정부, 그리고 시민 모두에게 어려운 질문이 될 것이다.

적극적 감시: 투명성

물론 모든 감시가 조용한 것은 아니다. 다른 사용자 또는 웹사이트를 감시하도록 설계된 일부 봇은 자신이 찾은 정보를 적극적으로 공개된 영역으로 밀어 넣는다. 투명성 봇 또는 "특정(정치) 행위자들의 행동에 대해 관심을 끌기 위해 소셜 미디어를 이용하는 자동화된 에이전트"가 이 범주에 해당된다(McKelvey and Dubois, 2017). 때로는 투명성이 별로 흥미롭지 않고 단조로운 일이 될 수 있다. 투명성은 종종 일상의 사건과 기본 데이터를 꼼꼼하게 기록하는 데 전념하는 활동의 한 형태로, 누가 누구를 만났는지, 누가 어디로 갔는지, 누가 무엇을 말했는지, 누가 누구를 편집하거나 검열했는지 등을 기록하는 것이다. 이미 보았듯이 봇은 이런 종류의 작업에 뛰어나다. 인간과 달리 그들의 집중력은 진정 변함이 없다. 봇은 매일 전 세계의 컴퓨터와 서버에서 벌어지는 일을 기록하고 감시한다. 예를 들어 위키피디아 봇은 어떤 편집이 이루어졌는지뿐만 아니라 편집의 상세 내용(누가, 언제, 어느 IP 주소에서 편집했는지)도 추적한다. 이러한 변화를 기록하는 것이 위키피디아 봇의 주요 기능 중 하나이다(Gorwa, 2017b).

위키피디아 봇이 기록한 정보는 공개적으로 사용될 수 있으며, 다른 목적에도 사용될 수 있다. 특히 이처럼 공개된 자료를 창의적이고 투명성 지향적으로 활용하는 사례 중 하나는 '위키에디츠WikiEdits 봇'이다. 위키에디츠 봇은 은밀한 광고 또는 선전에 관여하는 정부를 잡아내기 위해서 전 세계 정부들의 공식 IP 주소로부터 위키피디아 편집물을 추적하는 트위터 봇의 시리즈이다(Ford et al., 2016). 이러한 봇은 전 세계 여러 나라에서 나타났는데, @Parliamentedits(영국), @AussieParlEdits(호주), @CongressEdits(미국), @GCCAedits(캐나다), @RiksdagWikiEdit(스웨덴) 등이 있다. 이들 봇은 정부 IP 주소에서 위키피디아 페이지의 게시물이 편집될 때마다 공개 트윗을 보내 대중에게 정부가 자신들의 편의를 위해 위키피디아 페이지를 변경한 사실을 알린다(Butler, 2019; Cox, 2014). 따라서 이러한 봇은 진실을 전략적으로 왜곡하려는 불공정한 정부 관리를 억제하는 데 효과가 있다. 미국의 @CongressEdits 봇은 위키피디아의 '고문 보고서' — 테러와의 전쟁에서 CIA 인권 남용의 세부사항을 미국 국민들에게 처음으로 폭로한 서류 — 페이지를 세탁하려 했던 의회 직원의 시도를 밝히는 데 도움을 주었다(Ries, 2014).

비슷한 프로젝트로는 '독재자 경고' 트위터 봇이 있는데, 이는 전 세계 공항을 드나드는 독재자의 비행을 추적해서(Toor, 2016) 다른 지도자와의 은밀한 회합에 대한 정보를 도출할 수 있는 '페이퍼 트레일paper trail'을 만들어낸다. 이와 같은 봇은 대중의 능력을 향상시켜 눈에 띄지 않았을 수도 있는 사건에 스포트라이트를 비춘다.

사회적 행동주의: 봇 여론의 여명

투명 봇의 사례에서 알 수 있듯이, 자동화 역시 사람들에게 서비스를 제공할 수 있다. 봇은 풀뿌리 활동가에게 중요한 도구로, 이들은 봇을 행동주의 및 정치적 개입을 강화하는 데 사용한다. 사회적·정치적 활동에 참여하는 개인과 조직은 그들이 꿈꾸는 변화를 이루는 데 필요한 자원과 인력이 거의 예외 없이 부족하다. 행동주의에는 자원이 필요한데, 행동주의가 작동하기 위해서는 더 많은 대중을 참여시키고 메시지를 퍼뜨려야 하기 때문이다. 인력, 시간, 또는 자금이 부족한 많은 시민 사회 활동가는 자신들의 메시지를 저렴하고 빠르게 확산시키기 위해 봇으로 관심을 돌렸다.

단기 학술 실험인 '보티비스트Botivist'는 봇이 어떻게 행동주의를 유용하게 지원할 수 있는지 보여주었다. 학자 그룹이 운영했던 이 스페인어 봇넷은 반부패 메시지를 게시하고 활동가를 서로 소개하며 활동가 사이의 커뮤니케이션 전략을 시험하는 데 이용되었는데, 활동가들은 남미에서 반부패 활동을 늘리는 데 목표를 두었다. 보티비스트는 11일간 활동하면서 트위터에서 활동가들 사이에 1236번의 상호작용을 만들어냈다(Savage et al., 2015).

다른 사회적 행동주의 봇은 완전히 독자적으로 작업하는 프로그래머들에 의해 만들어졌다. 호주의 프로그래머이자 기후 운동가인 니겔 렉Nigel Leck은 @AI_AGW(Artificial Intelligence_Anthropogenic Climate Change)(인공지능: 인위적 기후 변화)를 만들었다. 2008년에 처음 나온 이 봇은 트위터 플랫폼에 있는 최초의 행동주의 봇 중 하나였으며, 그 목표는 "기후 변화를 부인하는 사람들의 거짓 주장을 찾아서 지적한 후, 과학 연구 잡지에 실린 동료 검토 에세이와 연결된 정보로 거짓 주장을 고쳐주는" 것이었다(Swanstrom, 2019). 봇은 키워드 검색과 패턴 매칭(일라이자와 유사한)을 이용해 기후 변화를 부정하는 트윗을 탐지한 다음 관련된 과학 논문으로 응답했다. 렉이 봇을 만든 동기는 순전히 피곤함 때문이었다. 그는 기후 변화 회의론자들과 반복해서 같은 논쟁을 벌이는 데 지쳤기에 (전형적인 엔지니어 방식대로) 그 일을 자동화했다. 봇은 4년 동안 기후 변화 논쟁의 참호에서 기반을 닦았지만 2012년 트위터에 의해 금지되었다(Mims, 2010; Swanstrom, 2019).

엄청난 수의 봇이 허위정보를 퍼뜨리는 데 이용되고 있지만, 시민 사회 역시 거짓 정보와 싸우기 위해 봇을 만들었다. 대만의 해커 모임 gOv.tw('gov zero')에서 성장한 시민 기술 프로젝트인 코팩츠Cofacts는 지난 10년 동안 등장한 봇 가운데 가장 혁신적인 활용 중 하나이다. 2018년 대만에 가짜 뉴스가 범람한 후 존슨 량Johnson Liang과 빌리온 리Billion Lee라는 활동가는 사용자가 신고한 의심스러운 이야기를 수집하는 봇을 만들었다. 이 봇은 이야기를 수집한 후 사실 확인을 위해 인간 자원 봉사자에게 이야기를 보내고, 그 결과물을 신고한 사용자에게 되돌려 보내는 역할을 했다. 그 봇은 암호화된 채팅 앱인 라인Line — 왓츠앱과 유사한 형태로 대만에서 인기 있는 메시징 앱 — 에서 실행된다. 이야기를 신고하려면 사용자는 그저 봇을 추가하고 봇에 의심스러운 뉴스의 링크를 보내기만 하면 된다(Monaco, 2017).

민주화 운동가들은 또한 대의와 정치인들을 홍보하기 위해 야생에서 봇을 이용했다. 러시아, 우크라이나, 베네수엘라의 야당 활동가들은 민주적 조직의 도구로 봇을 활용했다(Forelle et al., 2015; Stukal et al., 2019).[2] 이와 같은 사례는 봇의 양면성을 보여준다. 즉, 봇은 정부, 기업, 또는 풀뿌리 행동가 중 누가 어떤 목적으로 사용하는지에 따라 좋게 사용될 수도 있고 나쁘게 사용될 수도 있다. 결과적으로 봇은 만든 이와 사용자의 의도를 반영하는 것이다.

봇 무기 경쟁

지난 10년 동안 우리 모두는 정치 봇의 편재성과 효과성에 대해 너무나 잘 알게 되었다. 우리가 보았듯이 정치 봇은 정치인들과 선거 운동을 지지한다는 착각을 불러일으키는 데, 유권자의 행동에 영향을 미치는 데, 반체제 인사를 괴롭히고 독립 언론 매체를 검열하는 데, 풀뿌리와 조작된 시민운동의 정치 연설 둘 다 증폭시키는 데 이용되어 왔다. 이 봇들은 대부분 아주 단순하며, 온라인에서 이용 가능한 코드를 이용해 아마추어가 프로그래밍했다. 하지만 일부는 점점 더 정교해지고 있다. 봇은 설계된 작업을 수행할 기회를 찾기 위해 1990년대 초반의 유즈넷 및 IRC 봇을 훨씬 뛰어넘어 진화해야만 했다. 플랫폼이 보안성과 봇 탐지 시스템을 강화함에 따라 봇 제작자들은 이러한 새로운 조치를 피하기 위해 게임 수준을 계속 높여야만 했는데, 이는 봇 제작자와 봇 탐지기 간의 일종의 '무기 경쟁'이었다. 흥미롭게도 같은 행위자가 서로 다른 시점에 서로 다른 모자를 쓸 수도 있다. 많은 민간 기업은 경쟁업체의 플랫폼에서 자료를 스크래핑하기 위해 봇을 배치하면서 한편으로는 자신의 사이트에서 스크래핑을 방지하기 위해 노력한다(Foote, 2018). 이것은 어느 정도 해킹 및 사이버 보안 세계의 오래된 전통의 일부이다. 불법 해커(자신의 이득을 위해 해킹하는 사람으로, '블랙 햇black hat'이라고 알려져 있다)는 종종 팀을 바꾸어 '화이트 햇'이 되는데, 이들은 자신이 이전에 악용했던 것과 같은 종류의 취약성을 시험하기 위해(그리고 패치하기 위해) 자신의 이전 해킹 경험을 사용한다.

이런 봇 무기 경쟁에서 대단히 성공적인 새로운 무기가 있다. 바로 사이보그인데, 사이보그는 (쉽게 탐지되는) 완전 자동화된 봇에서 벗어나 (식별하기 훨씬 어려운) 부분적으로 자동화된 봇/인간 혼합형 프로필로 옮겨간다. 사이보그의 하이브리드 특성으로 인해 현재의 봇 탐지 시스템을 피할 수 있다.

성공적인 사이보그 계정 중 하나는 민주당 예비 선거에서 대통령 후보 앤드루 양을 홍보하는 데 사용된 트위터 계정 @McYangin이었다. @McYangin은 양과 관련된 해시태그를 지원하기 위해 수작업과 자동화된 활동을 결합했다. 미래연구소Institute for the Future(IFTF)의 디지털 정보 랩The Digital Intelligence Lab은 이 계정이 #YangGang과 유사한 해시태그를 2019년 9월(민주당 예비선거 토론이 있던 달)에 2600번 이상 리트윗했음을 발견했다. 같은 달에 다른 사이보그 계정은 사용자가 그 계정 운용자로부터 백신 반대 상품을 구매하기를 기대하면서 백신 반대 허위정보를 리트윗했다(Monaco, 2019b).

사이보그는 또한 자발적 봇넷으로 알려진 것의 일부일 때 식별하기 어렵다. 이런 사이보그 네트워크는 실제 인간 사용자 계정들로 구성되어 있으며, (알게 모르게) 정치 봇넷에 쓰인다. 이런 봇넷은 게시 활동의 일부를 자동화함으로써 실제 인간 계정을 사이보그로 바꾼다. 자발적 봇넷에서 선거 운동은 자원봉사자를 모집해 그의 계정으로 특정 후보를 홍보하는 자동화된 트윗을 보낼 수 있게 허락을 구한다(좀 더 나쁜 버전에서는 임시로 선거 운동 트윗을 게시하도록 사용자의 계정이 도용될 수도 있다. 일부 앱은 사용자에게 지나치게 광범위한 앱 권한을 승인하도록 요구하며,

사용자는 봇이 자신을 대신해 트윗을 게시하는 권한을 별 생각 없이 봇에게 부여할 수 있다). 자발적 봇넷은 선거 운동에 대단히 강력한 도구인데, 특히 그 봇넷이 간헐적으로 이용되는 경우에 그러하다. 평소에 대단히 다양한 활동을 하는 수천 개의 계정은 정해진 시간에 같은 트윗을 보내도록 활성화될 수 있는데, 이는 다양한 인간 사용자의 광범위한 범위에서 대단히 강력한 지지를 받는다는 착각을 불러일으킬 수 있다. 자발적 봇넷은 러시아 정부, 이탈리아 및 멕시코의 선거 운동에서 이용되었다(Woolley and Monaco, 2020). 정치 선거 운동은 이러한 자발적 봇넷을 통해 플랫폼의 봇넷 탐지 레이더 아래에서 비행하는 사이보그의 능력을 이용할 수 있으며, 조작되기보다 유기적으로 보이는 방식으로 메시지를 전파하고 합의를 이끌어낼 수 있다.

사이보그와 자발적 봇넷이 반드시 비도덕적이지는 않다. 시민운동가들은 사이보그와 자발적 봇넷을 투표율 제고에 이용했다. 영국의 2017년 보궐 선거에서는 틴더Tinder 사이보그가 노동당의 투표율을 끌어올리는 데 이용되었다. 이 자발적 봇넷에서 자원봉사자들은 인기 있는 데이팅 앱 틴더에서 한번에 2시간 동안 본인의 프로필이 봇에 의해 통제될 수 있도록 '기부'했다. 봇은 18세에서 25세 사이의 유권자들이 다가오는 선거에서 노동당에 투표하도록 설득하기 위해 미리 정의된 기준을 사용하곤 했다. 이 봇의 배후에 있는 팀은 열세 상황인 선거구에서 18세에서 25세 사이의 사람들에게 3만~4만 통의 메시지를 보낸 것으로 추산했는데, 이들은 보수 정부를 몰아낸다는 공공연한 목적을 갖고 있었다. 이 전술은 언론에서 긍정적인 반응을 얻었으며 효과가 있는 것처럼 보였다. 틴더 봇이 목표로 한 연령대가 1992년 이후 최고의 투표율을 보여주었던 것이다(Fowler and Goodman, 2017; Rasmussen, 2017).

봇 무기 경쟁 — 봇 활동을 억제하려는 플랫폼의 시도와 이에 상응하는 정치 봇 기술의 진화 — 은 지금도 벌어지고 있으며, 앞으로 더욱 심화될 것이다. 2010년대 말에 허위정보를 연구하는 연구원들은 봇과 허위정보 운동이 정치적 참여, 대화, 그리고 조직화에 커다란 해악을 끼칠 수 있다는 것을 대중과 소셜 미디어 플랫폼에 대체로 확신시켰다. 산업계, 정부, 학계 모두에서 허위정보 전문가들은 봇과 사이보그가 추진하는 컴퓨터 선동 문제에 대한 해결책을 찾고 있었다. 2016년 이후 커다란 진전이 있었지만, 문제에 대한 해답은 여전히 실험 중이며 봇 설계자는 새로운 제약을 피하기 위해 각각의 변화에 또 다른 기술적 도약으로 계속 대응하고 있다.

그리고 많은 정치 봇 설계자(그들의 유일한 관심은 돈을 버는가 그리고/또는 권력을 얻는가 하는 것이다)들과 달리, 봇 문제에 대한 해결책을 찾는 반선동가들과 '화이트 햇' 봇 설계자들은 허위정보에 대응하는 운동의 윤리를 고심해야만 한다. 균형 잡기는 피할 수 없다. 많은 양의 데이터를 수집하면 허위정보 운동의 배후에 있는 기술을 밝힐 수 있지만, 이 정도 규모의 데이터 수집은 사용자의 사생활을 침해하는 문제가 있다. 마찬가지로 소셜 미디어 플랫폼이 적극적 탐지 및 플랫폼 제거 기술에 대한 정보를 공개해서 투명성을 높이면 사용자의 신뢰가 높아지지만 이것은 또한 고약한 행위자로 하여금 커튼 뒤를 볼 수 있게 만들어 이러한 보호조치를 피하는 데 대한 정보를 주게 된다. 언뜻 보기에 긍정적으로 보이는 봇의 일부 용도, 예를 들어 소셜 플랫폼에서 혐오 발언을 식별해서 제한하는 것 같은 경우에도 균형이 필요하다. 이런 제안은 실제보다 이론적으로 훨씬 더 쉽다. 알고리즘이 증오성 혐오 발언을 탐지하는 것은 언어, 문화, 종교에 따라 달라지는 어려운 컴퓨터 문제이다. 게다가 온라인상에서의 발언을 제한하는 것은 복잡한 윤리적·법적·사회적 문제를 제기한다.

정치 봇과 허위정보 문제에 대한 모든 해결책에는 본질적인 이율배반이 있으며, 어느 쪽이든 너무 멀리 가는 것은 잘못이라고 생각한다. 정치 봇의 문제를 해결하기 위해 우리는 상대적으로 온건한 조치를 추천한다. 즉, 소셜 미디어 회사와 믿음직한 전문가 파트너 간의 데이터 공유를 늘리고, 봇 자체에 대해서는 아니지만 봇의 특정 용도(예를 들면 정치 운동)에 대한 구체적인 규정을 통과시키며, 온라인 정치 광고를 포함해 정치 자금에서의 투명성을 요구하는 등과 같은 조치를 권장한다 (Monaco and Woolley, 2017).

결론

아마도 봇이 문화적·사회적·정치적 삶에서 가질 영향력을 예견하는 것은 불가능했을 것이다. 정치 봇과 조작된 시민운동이 자사의 플랫폼에 입히는 손해를 소셜 미디어 회사들이 알게 된 것(또는 인정하게

된 것)도 극히 최근이다. 2016년 트위터의 대변인은 "트위터의 스팸 계정이 국가적 정치 대화를 왜곡시키고 있다고 주장하는 사람은 잘못 알고 있는 것이다"라고 퉁명스럽게 말했다(Schreckinger, 2016). 같은 해에 페이스북 창립자이자 CEO인 마크 저커버그Mark Zuckerberg는 허위정보가 선거에 영향을 미칠 수 있다는 생각에 대해 "매우 미친 생각"이라고 일축했다. 하지만 불과 10개월 후에 그는 이러한 입장에 대해 후회한다고 인정했다(Solon, 2018; Zuckerberg, 2017).

그러나 우리는 봇이 문제가 아니라는 것을 기억해야 한다. 문제는 봇 배후에 있는 사람들이다. 결국 정치적 허위정보는 항상 이런 활동을 설계하고 지휘하고 조직하는 인간에 의해 퍼진다. 봇은 단순히 그것을 수행할 뿐이다. 우리가 보았듯이 봇은 이야기를 증폭시키고, 알고리즘을 다루고, 댐프닝과 디도스 공격을 통해 정치적 입장을 검열하고, 온라인의 데이터를 수집하고, 목표물을 감시하고, 유권자의 행위에 영향을 끼칠 수 있다. 하지만 봇은 투명성을 높이고, 사실 확인 과정을 간소화하고, 민주적 참여와 약속을 증가시킬 수도 있다.

봇은 인터넷 초기부터 있어왔고 앞으로도 계속 존재할 것이다. 아무리 많은 기업, 입법자, 활동가가 봇의 사악한 사용에 맞서 싸울지라도 봇은 미래에도 소셜 미디어에 계속 존재할 것이다. 봇은 또한 기적처럼 보이는 방식과 깊이 우려스러운 방식으로 계속 진화할 것이다. 자동화된 허위정보 영역에서 대단히 걱정스러운 전개 중 하나는 '딥페이크' 기술이다. 이 기술은 봇과 컴퓨터 프로그램이 믿을 수 없을 만큼 현실적으로 보이는 영상, 음악과 사진을 생성할 수 있도록 하는 합성 미디어이다. 가장 흥미로운 발전 중 하나는 자연어 처리와 인간 대화 시뮬레이션의 급속한 발전으로, 이는 GPT-3 같은 새롭고 더욱 발전된 챗봇으로 이어졌다. 적절한 플랫폼 설계, 규제, 계획이 없으면 이러한 도구들 — 그리고 그 뒤를 이을 더 새롭고 강력한 도구들 — 은 사악한 행위자에 의해 운영되는 봇이 민주주의에 끼칠 해악을 더욱 과열시킬 수 있다(Watts and Hwang, 2020). 미래에 봇이 얼마나 해로울지, 그리고 이러한 기술의 악의적인 남용을 우리가 얼마나 극복할 수 있을지는 대부분 우리가 지금 무엇을 하는지에 달려 있다. 정치 봇이 제기하는 위협에 적절히 대응하기 위해서는 합리적인 정책과 규정을 만드는 방법을 연구해야 한다.

04 봇과 상거래

2016년 이른 봄, 마이크로소프트는 19세 미국 소녀를 흉내 내 만든 인공지능 챗봇으로 테이Tay라는 이름의 트위터 봇을 출시했다. 마이크로소프트의 트위터에서는 테이에 대해 '가만히 있지 못하는 AI'라고 소개했다. @TayandYou의 설명에 따르면, "더 많이 말할수록 테이는 더 똑똑해진다"[1](Microsoft, 2016a). 테이가 지닌 능력은 자신과 얘기를 나눈 사람들을 따라하면서 배우는 것이었다. 테이를 설계하는 과정에서 마이크로소프트는 불손한 언행을 일삼는 인터넷의 일부 – 재미있기만 하면 뭐든지 하는 사람들로 가득 차 있는 – 를 고려하지 않았다. 마이크로소프트는 또한 요동치는 어두운 욕구를 지닌 인터넷의 다른 한편 – 인종차별, 성차별주의, 종교적 편협성을 퍼뜨리는 기회를 필사적으로 찾는 사람들로 가득 차 있는 – 도 고려하지 않았다.

이들 그룹이 테이로 수렴되었다. 출시되자마자 테이는 자신이 읽고 있는 트윗으로부터 배워 증오에 찬 메시지들을 트윗하기 시작했다. 이것은 곧 눈덩이처럼 불어났다. 다른 트위터 사용자들은 봇이 그런 콘텐츠를 피하도록 사전 프로그래밍되지 않았음을 알아채자 공격적이면서 편견이 심한 메시지를 점점 더 많이 보내기 시작했다. 또다시 테이는 이 메시지들로부터 배운 것을 흉내 내면서 인종차별적이며 성차별적인 수사를 강화했다. 진짜 가만히 있지 않았던 것이다.

테이는 세상에 나온 첫날에(그리고 단 하루 만에) 거의 10만 번을 트윗했다. 마이크로소프트는 불과 16시간 만에 조정을 위해 테이의 계정을 중단했다. 마이크로소프트는 "시스템의 많은 악용 사례에 대비했다"라고 썼지만 트위터에 대해서는 준비되지 않았음이 분명해 보였다. 마이크로소프트는 테이의 빠른 보상작용 상실을 봇의 "취약성을 악용한 일군의 사람들의 조직화된 공격" 탓으로 돌렸다(Lee, 2016). 며칠 후 마이크로소프트가 테이를 별 생각 없이 트위터에 다시 내보내자(Graham, 2016) 테이는 바로 마약 관련 트윗을 보냈으며, 수십만 명의 팔로어에게 반복된 메시지를 스팸으로 보냈다. 마이크로소프트는 곧바로 테이의 계정을 다시 닫았다. 이번에는 영원히 닫았다.

테이 설계자들은 이런 엄청난 실수로부터 무엇을 배웠을까? 마이크로소프트의 CEO 사티아 나델라Satya Nadella에 따르면 테이는 그 후 마이크로소프트의 설계 방식을 바꾸었다. "우리의 설계 원칙에 실제로 영향을 끼친 것 중 하나는 그 에피소드이다. 우리는 책임감을 가져야 한다." 마이크로소프트가 테이에게서 배운 "첫째이자 가장 중요한" 교훈은 "이런 공격을 실제로 예측할 수 있어야 한다"는 것이었다(Shepard, 2017). 악의적인 사용자가 어떻게 계정을 조작할 수 있는지에 대한 고려 없이 마이크로소프트가 테이를 출시한 것은 기술 회사들이 갖고 있는 시스템적인 문제를 말해준다. 기술회사는 우선 혁신하고 사회적 영향에 대해서는 후에 질문을 던진다는 것이다. 마크 저커버그가 악명 높게 말했듯이, 기술회사는 "빨리 움직이고 기존 관습을 깬다." 테이가 대실패했음에도 불구하고 나델라는 인공지능 – 특히 대화형 인공지능 – 은 퀀텀 컴퓨팅 및 혼합 현실과 함께 마이크로소프트가 지닌 미래 전략의 '세 가지 기둥' 중 하나로 남아 있다고 말했다(Shepard, 2017). 테이가 출시될 즈음 이 회사는 이미 엄청난 양의 자원을 테이로 대표되는 대화형 인공지능 유형에 투자했다(많은 마이크로소프트 장치 및 프로그램에 프로그래밍된 디지털 개인 비서 코르타나는 마이크로소프트의 대화형 인공지능의 또 다른 예이다). 마이크로소프트사는 진정 무엇을 배웠을까? 그리고 우리는 이익을 동기로 삼는 사업체들이 봇 개발을 어떻게 주도하는지 그리고 사회적 결과에 대해 얼마나 무관심한지에 대해 무엇을 배울 수 있을까?

많은 기술 회사에게 2016년은 봇의 해였다(Bruner, 2016). 봇 – 특히 대화형 봇 – 은 사용자 인터페이스의 미래로 여겨졌다. 테이가 실패한 직후에 (그리고 실패했음에도 불구하고) 나델라는 그해 마이크로소프트 빌드 컨퍼런스Microsoft Build Conference에서 참석자들에게 "봇은 새로운 앱이다"라고 대담하게 말했다(Reynold, 2016). 오라일리 미디어O'Reilly Media는 "소비자는 대화형 인터페이스에 익숙해졌고, 인공지능은 결국 실질적인 질문에 유용한 반응을 제공할 수 있는 정도로까지 발전했다"라고 설명했다. 봇에 대한 그들의 찬가는 사업체의 진정한 관심 – 즉,

이익 – 에 대해 보여준다. 오라일리 미디어에 따르면,

> 봇은 정보, 지능, 온라인 서비스를 어떤 시나리오에든 집어넣을 것을 약속하고 있다. 봇은 노동자에게 초능력을 제공하고, 네트워크에 더 잘 접속할 수 있게 하고, 사용자 경험을 재정렬하고, 새로운 생태계를 구축한다. 그리고 봇은 앱 경제가 성숙해짐에 따라 개발자에게 사용자의 주머니에 들어가는 더 빠른 길을 약속한다.(Bruner, 2016)

코르타나와 샤오이스[2]를 선두로 마이크로소프트가 봇에 대한 꿈을 실현하기 위해 노력하면서 경쟁사들도 같은 일을 하고 있었다. 그 즈음 페이스북은 메신저 플랫폼에서의 사용자 인터페이스 관리를 'M'이라는 이름의 만능 인공지능 비서로 바꾸는 것에 대해 말했다(Olanaff and Constine, 2015). 아마존의 알렉사, 애플의 시리, 구글의 어시스턴트는 잘 성장하고 있었다. 메신저 앱 킥Kik은 봇 기반 광고에 올인했다(Mims, 2014). 그러나 겨우 2년 후인 2018년 1월 초, ≪와이어드≫가 "페이스북의 가상 비서 M이 죽다. 챗봇 역시 그렇다"라는 제목을 달았다(Griffith and Simonite, 2018). 2016년 미국 선거와 영국의 브렉시트 국민투표에서 봇으로 가득 찼던 후유증 때문에 봇을 향한 대중의 태도가 뒤집혔고, 이런 일과 테이로 인한 악영향 속에서 많은 회사는 '봇'이라는 용어가 독이라고 느끼기 시작했다. 그들은 '봇'이라는 용어에서 벗어나 개념을 리브랜딩해 '인공지능'이라는 더 넓은 개념으로 이동했다.

이 책을 통해 우리가 알고 있듯이, 대화형 인공지능은 그 핵심이 여

전히 챗봇이다. '인공지능', 또는 '가상' 비서, 실리콘 밸리의 또 다른 유행어 등 새로운 명칭으로 갈아입더라도 모든 유형의 봇은 우리가 디지털 세계와 상호작용하는 방식의 중심이므로 없어지지 않는다. 그리고 디지털 세계가 일상생활의 모든 측면, 특히 비즈니스와 금융에서 더욱 중심이 되어가면서, 봇은 상업적으로 가치 있게 점점 더 성장할 것이다.

이 장에서는 우리가 광범위하게 '비즈니스 봇' 또는 상거래 봇이라고 부르는 것 — 기업의 일상 업무와 장기적인 경제적 목표를 지원하는 봇 — 에 대해 논의한다. 이러한 유형의 봇에는 금융에서의 고빈도 거래 봇, 고객 서비스 봇, 잠재 고객에게 점점 더 필요한 기술을 제공하는 디지털 개인 비서 봇, 스팸 봇, 상품을 혁신적으로 판매하는 것을 목표로 하는 메시징 앱 봇, 마케팅과 제품 개발에 도움이 되는 데이터를 모으는 스크래퍼 봇, 비즈니스 및 제품을 마케팅하도록 설계된 소셜 봇(테이 같은), 사용자와 관료주의의 상호작용을 향상시키는 도우미 봇이 포함된다. 실제로 그러한 봇은 봇을 사용하는 비즈니스에서 상호작용의 결과물을 향상시킨다. 다른 봇에서처럼 이들 봇은 초연결된 현대 비즈니스 세계의 기능에서 매우 중요하다. 이들 봇은 자동화된 거래 프로세스 또는 은행 거래를 지원하면서 배후에서 작동하고 있지만, 현재 글로벌 금융 시스템은 이러한 봇들이 없으면 운영하기 어려울 것이다.

샤오이스, 테이 같은 상거래 봇 또는 비즈니스 봇은 소셜 미디어 플랫폼의 앱 프로그래밍 인터페이스(API)를 통해 운영된다. 우리는 이러한 API를 통해 상거래 봇이 소비자에 대한 데이터를 수집하는 방법(정치 봇 제작자가 유권자에 대한 데이터를 수집했듯이), 그리고 온라인에서 소비자와 직접 상호작용하는 방법에 대해 논의한다. 우리는 팀 버너스-리Tim Berners-Lee의 '시맨틱 웹Semantic Web'이라는 이상주의 개념에 대한 논의로 이 장을 마무리한다. 시맨틱 웹은 봇과 API를 기반으로 하는 네트워크 장치 시스템으로, 인간의 시간을 자유롭게 하기 위해 일상적이고 정형화된 작업을 수행함으로써 인간에게 의미 있는 작업을 할 수 있는 자유를 부여하는 것이다(Berners-Lee et al., 2001; Alpaydin, 2016).

비즈니스 봇은 무엇인가

기본적으로 대부분의 상거래 봇은 사업체가 소비자, 고객, 파트너, 그리고 여러 주체와의 거래를 자동화하도록 설계되었다. 예를 들어, 회사는 인간 대리인에게 의존하기보다 잠재 고객에게 지원과 서비스를 제공하는 자동화된 에이전트에 투자할 수 있다. 심지어 포스point-of-sale(POS) 또는 다이렉트 마케팅 기능과 직접적으로 관련이 없었던 테이조차도 마이크로소프트의 인공지능 작업을 위한 일종의 마케팅용 견본으로 구상되었다. 일부 비즈니스 봇은 사용자를 마주하고 있는 봇으로, 사회적 봇과 정치적 봇을 다룬 장에서 논의했던 것과 유사하다. 이러한 봇은 인터넷에 연결되어 있고 사용자와 상호작용할 수 있는데, 그 방법으로는 텍스트를 사용하는 것, 대화방 스타일의 인터페이스를 통하는 것, 코르타나와 시리처럼 사용자에게 이야기하는 것, 사용자에게 어디로 자료를 접속할지 또는 주어진 웹사이트나 플랫폼에서 무슨 일을 어떻게 할지 보여주기 위해 커서와 다른 메커니즘을 사용하는 것 등이 있다.

그러나 모든 비즈니스 봇이 대면 기능, 상호작용 기능, 고객 서비스 기능을 갖고 있는 것은 아니다. 사실 비즈니스 봇의 대다수는 고객과 직접 상호작용하지 않는다고 해도 무방하다. 대부분은 배후 작업을 위해, 예를 들면 유용한 재무 데이터를 검색하고 분석하며 정보에 기반해서 자동 주식 거래를 수행하는 것과 같은 일을 하기 위해 만들어졌다. 모든 봇의 유용한 저장고인 웹사이트 봇너드Botnerds는 기업 및 다른 집단들이 자동화된 온라인 소프트웨어를 사용할 수 있는 여러 가지 방법을 보여준다(botnerds, 2020). 봇너드는 비즈니스 봇의 두 가지 주요 유형인 B2C 봇과 B2B 봇에 대한 세부 정보를 제공한다. 봇너드는 또한 비즈니스 봇을 '좋은 봇'과 '나쁜 봇'으로 분류한다. '좋은' 쪽에는 친숙한 일부 봇의 비즈니스 버전이 있는데, 1장에서 논의한 크롤러 봇, 2장에서 소개한 챗봇 중 사업에 초점을 둔 버전, 3장에서 소셜 봇으로 논의한 것이다. 다른 '좋은' 비즈니스 봇으로는 업무 봇, 정보 봇, 오락 봇이 있다. '나쁜' 쪽으로는 해커 봇, 스팸 봇, 스크래퍼 봇, 사칭자impersonator 봇이 있다.

크롤러와 스파이더: 1장에서 논의한 크롤러와 스파이더는 배후에서 자동으로 실행되도록 구축된 봇으로, 웹사이트와 API에서 정보를 찾고 분류한다. 크롤러와 스파이더는 사업에서 무수한 용도로 사용된

다. 예를 들어 전 세계에서 가장 잘나가는 사업체 중 하나인 구글은 웹 크롤러 기반의 검색 엔진인 구글 봇이라는 대표 상품을 중심으로 구축되었다. 구글 봇은 "웹이 성장함에 따라 성능과 규모를 향상시키기 위해 수천 개의 기계에서 동시에 실행되도록 설계되어"(Google, 2020a) 온라인의 새로운 웹페이지들을 찾는다. 거기에서 봇은 "페이지를 방문하거나 크롤링해서 내용을 찾는다. 구글은 페이지를 살피고 텍스트 및 텍스트가 아닌 콘텐츠, 그리고 전반적인 시각적 레이아웃을 분석해서 검색 결과에 표시할 위치를 결정한다"(Google, 2020b). 사람들은 구글 봇의 관심을 끄는 방법, 각 사이트의 순위를 매기는 검색 결과 알고리즘을 다루는 방법을 알고 싶어 한다. 'SEO(search engine optimization)'(검색 엔진 최적화)에 맞는 팁과 요령은 온라인에 풍부하며, 일부 컨설팅 회사는 구글 검색 엔진의 최상단에 가도록 웹사이트를 설계하는 방법을 알려주는 데 상당한 돈을 부과한다. 마이크로소프트의 검색 엔진 빙Bing도 마찬가지인데, 빙 봇을 비슷한 용도로 사용하고 있다. 크롤러는 또한 비즈니스에서 많은 다른 목적으로도 사용된다. 예를 들어 다양한 사이트에서 상품 가격 감시, 중요한 디지털 인프라에 대한 소프트웨어 업데이트, 버그 보고서 확인과 같은 일을 한다.

업무 봇: 업무 봇은 비즈니스 웹사이트의 프런트 엔드front-end(사이트의 고객 응대 측면) 또는 백 엔드back-end(재고 관리, 신용카드 계산, 공급업자 업데이트 전송 같은 회사 비즈니스를 수행하는 배후 측면) 양쪽에서 사용될 수 있다. 프런트 엔드 봇은 일반적으로 소비자와의 직접 데이터 교

환을 지원하기 위해 만들어진다. 은행은 이체를 확인하거나 고객의 신원을 확인하는 데 인간 고객 서비스 담당자가 아닌 업무 봇을 사용할 수 있으며, 지역의 가스 회사는 주소와 서비스 유형 같은 특정 입력에 근거를 둔 서비스 가격을 제공하는 데 봇을 사용할 수 있다. 이러한 봇은 어떤 면에서 고객 서비스 챗봇과 유사하지만, 별개의 구체적인 작업을 수행하도록 프로그래밍되어 있다. 백 엔드 봇은 다양한 집단에 대한 유사한 데이터를 교환하며, 데이터 전송 및 검색을 지원한다. 백 엔드 봇은 다른 웹사이트, 비즈니스, 또는 비즈니스 봇과도 이러한 교환을 할 수 있다. 예를 들어 은행 봇은 자금 이체를 수행하기 위해 또 다른 은행의 봇과 교신할 수 있고, 가스 회사 봇은 가스 가격 변동이나 운송 지연에 대해 공급업자로부터 자동 업데이트를 받을 수 있다(특정 유형의 업무 봇인 금융 봇에 대해서는 뒤에서 더 자세히 논의한다).

정보 봇: 정보(인포) 봇은 연결되어 있는 사용자들에게 정보, 조언, 그리고 유용한 제안을 제공하도록 설계되어 있다. 이런 종류의 콘텐츠는 푸시 알림을 통해 핸드폰이나 태블릿으로 직접 전달될 수도 있고 슬랙Slack이나 왓츠앱 같은 메시지 서비스 내에서 전달될 수도 있다. 때로는 채팅 라인에 구체적인 명령을 작성해서 주어진 정보 봇에게 질문할 수도 있다. 예를 들어 디스코드Discord에서 사용자는 날씨 봇에게 명령어로 !weather week[우편번호]를 입력해서 특정 지역의 7일간 예보에 대해 물어볼 수 있다. 많은 유형의 정보 봇이 있는데 이 봇들은 폭넓은 범위의 통신 플랫폼에서 작동하도록 만들어졌다. 소셜 미디어와 채

팅 앱의 정보 봇은 사내에서 자체적으로 만들 수도 있고 타사 비즈니스에서 봇을 통합할 수도 있다. 정보 봇은 사용자를 위한 뉴스를 골라주기 위해 만들어진 것에서부터(브레이킹 뉴스 봇Breaking News Bot은 슬랙에서 새로운 미디어 스토리를 공유하고, 게이머봇GamerBot은 메신저에 게임 뉴스를 공유하며, CNN봇은 킥에서 CNN 뉴스 스토리를 공유한다) 저녁 식사를 무엇으로 할지 결정하는 데 도움을 주는 것에 이르기까지 다양하다(메신저 봇 디너 아이디어Dinner Ideas에게 냉장고와 찬장에 있는 목록을 주면 무엇을 요리할지 알려준다).

오락 봇: 오락 봇은 온라인 어디에나 있으며 커다란 비즈니스이다. 농담을 자동으로 공유하는 코미디 봇에서부터 다양한 데이터를 사용해서 디지털 이미지를 생성하는 아트 봇, 게임 내 리소스를 관리하는 비디오 게임 봇에 이르기까지 오락 봇은 제작자에게 수입을 창출할 수 있다. 예를 들어 마인크래프트Minecraft에서 리소스 파밍을 자동화한 비디오 게임 봇은 설계자에 의해 일회성 비용을 받고 또는 구독료로 직접 판매될 수 있다. 아트 봇 또는 코미디 봇의 제작자는 이들 봇을 인스타그램의 인간 인플루언서처럼 사용할 수도 있고, 조회, 좋아요, 클릭, 광고 활용, 또는 특정 제품의 마케팅을 통해 돈을 버는 자동화된 인플루언서로 사용할 수도 있다. 최근 자동화된 봇에 의해 운영되는 예술가, 배우, 또는 음악가의 애니메이션 버전인 자동화된 아바타가 유명인들에게 인기를 끌고 있다. 지니Genies 같은 회사에서 나온 자동화된 아바타는 저스틴 비버Justin Bieber나 카디 BCardi B가 실제로 그곳에 갈 필요

없이 디지털 플랫폼에 '등장'하도록 할 수 있다(Phan, 2021).

봇 덕후들이 '좋은' 비즈니스 봇이라고 부르는 이러한 목록 외에 많은 '나쁜' 비즈니스 봇도 있는데, 나쁜 비즈니스 봇은 수익성이 있기만 하면 누군가 그 봇을 이용할 것이다. 많은 사업체는 불법적으로 정보를 모으거나 경쟁자를 해킹하기 위해 봇을 팔거나 이용한다. 악명 높은 디지털 정치 회사인 캠브리지 애널리티카는 2016년 미국 대통령 선거 전에 미국 사용자에 대한 정보를 수집하기 위해 스크래퍼를 사용했다고 알려졌는데, 이는 페이스북의 서비스 약관을 위반한 것이다(Wong, 2019). 많은 사업체는 해커 봇을 사용해서 멜웨어 — 자신의 먹잇감이 된 상대방의 디지털 자산에 해를 입히려고 설계한 악성 소프트웨어 — 를 퍼뜨린다. 일부 회사는 경쟁업체의 웹사이트를 망가뜨리는 디도스 공격에 봇을 이용한다. 많은 회사가 여전히 스팸 봇(우리 모두에게 너무나 친숙한!)을 이용해 마케팅 쓰레기를 보내거나 이메일을 통해 의약품을 팔거나 트위터에서 떨이 패션 제품을 판매하려고 시도한다. 그리고 마지막으로 사칭자 봇으로 알려진 것을 사용하는데, 그 봇은 주어진 목표물을 조종하기 위해 실제 인간을 흉내 낸다. 사칭자 봇은 정치적 목적으로도 이용되는데, 정부, 군부, 또는 기업의 고객을 대신해서 여론을 환기시키기 위해 실제 인물의 명의로 자동화된 메시지를 보낼 때 사용된다. 그러나 순전히 상업적인 측면에서 사칭자 봇은 소셜 미디어 플랫폼에서 개인의 아이디를 도용한 후 그 가짜 프로필로 친구 또는 가족을 갈취하는 데 또는 그들을 사기성 구매에 끌어들이는 데 이용된다.

비즈니스 챗봇과 고객 서비스

챗봇은 봇의 사회적 역할에 대해 탐구한 2장에서 그 사회적 용도를 설명했다. 하지만 모든 챗봇이 소셜 봇은 아니다. 샤오이스와 테이처럼 사업체가 소유하고 운영하는 챗봇도 있다. 우리가 일상생활에서 눈치 챘듯이, 많은 사업체는 인간 고객이 담당하던 서비스 상담원을 텍스트 기반과 전화 지원 챗봇으로 대체하기 시작했다. 우리 대부분은 상거래 봇과 상호작용한 경험이 있는데, 은행 또는 보험회사 같은 대기업과의 접촉은 대부분 먼저 봇을 통해 진행되기 때문이다. 직불 카드를 분실했거나 공제 금액을 확인하기 원하는가? 페덱스의 배송이나 온라인 꽃가게의 배달을 기다리고 있는가? 해당 업체에 전화하거나 웹사이트에 들어가 온라인 '고객 상담'을 클릭하면 봇이 반겨줄 것이다. 이런 경험이 항상 잘되는 것은 아니다. 오디오 지원 봇은 자주 잘못 듣거나 배경 잡음에 반응한다. 당신이 "고객 서비스를 제공해 주세요"라고 하면 "질문했습니까? 어떻게 해야 합니까?"라고 대답하곤 한다. 텍스트 기반 봇에도 문제는 있다. 그러한 봇은 기능이 매우 제한되어 있으므로 문제가 상당히 복잡할 경우 실제로 도울 수 있는 인간과 이야기하기까지 오래 기다려야 할 것이다.

이런 봇 중 일부는 대단히 훌륭하게 작동하지만 어떤 봇은 그렇지 못하다. 인공지능과 머신 러닝의 혁신으로 보다 정교한 상거래 챗봇 인터페이스가 가능해졌지만, 테이처럼 커다란 실패를 겪는 경우가 여전히 일어나고 있고 고약하게 프로그래밍된 인터페이스도 무수히 많다. 많은 고객 서비스 봇은 부인할 수 없을 정도로 성가신 존재이지만 점점 더 좋아지고 있다. 기업은 자동화된 업무 봇과 디지털 개인 비서에 큰돈을 투자하고 있으며, 금융기관, 소매점, 의료기관, 그리고 여러 유형의 회사에서 대부분의 고객이 접촉하는 첫 단계가 이제 고객 서비스 봇이 되었다. 비즈니스 측면에서 봇의 매력은 분명하다. 봇은 인간 서비스 담당보다 고용 비용이 적고, 항상 대기 중이며, 모든 종류의 작업을 수행하도록 프로그래밍될 수 있으며, 종종 인간보다 더 잘한다. 미국의 비즈니스 및 기술 뉴스 웹사이트인 비즈니스 인사이더Business Insider에 따르면, 챗봇은 '효율성'과 연중무휴라는 편의성 때문에 이제 기업의 고객 서비스 채널에 "필수적이다"(Nguyen, 2020). 비즈니스 인사이더는 봇이 "메시징 앱, 이메일, 또는 브랜드 충성심을 강화하는 문자를 통해 고객에게 회사와 접촉하는 기능을 제공함으로써 회사가 고객과 함께하는 방식을 혁신시키고 있다"라고 말한다. 고객 서비스 봇의 기능이 우수하면 잠재 고객을 계속 참여시키고 관심을 갖게 할 수 있지만 인간이든 봇이든 고객 서비스가 불량하면 고객을 쉽게 몰아낸다는 것이 비즈니스 인사이더의 생각이다. "단 한 번의 부정적인 고객 서비스 경험은 잠재 고객을 회사로부터 멀어지게 만들 수 있는데" 미국 소비자의 60%가 불량한 고객 서비스 경험 때문에 자신이 의도했던 제품을 구매하지 않기로 결정했다.[3]

업무 봇과 금융

봇은 상거래 자체 — 그 인프라, 그리고 점점 더 그 노동력 — 에 깊고 밀접하게 연결되어 있을 뿐 아니라 돈이 금융 및 금융 시장 내에서, 따라서 세계 경제 내에서 순환하는 방식과도 불가분의 관계에 있다. 금융(또는 '거래') 봇은 금융 및 거래의 사회기술적 복잡성을 구조화한다. 매킨지(Mackenzie, 2008)가 지적하듯이, 금융 시장은 그 시장을 둘러싸고 있는 구조와 이론 양쪽에 의해 지지되고 변동한다. 파생상품 선물 거래는 특정 경제 이론이 합법화되지 않았다면 1990년대와 2000년대 초에 급증하지 않았을 것이고, 시장은 그 기반이 되는 코딩(프로그램)과 봇 없이는 지금처럼 작동하지 못했을 것이다. 스튜어트 가이거Stuart Geiger가 위키피디아에 대해 말했듯이, "'최소한으로 규제된' 환경은 '위키 방식'('시장'이라고 부르기도 한다)이 무엇이고 무엇이어야 하는지에 대한 특정 이해를 생성·유지·실행하기 위해 구체적으로 개발되고 배치된 맞춤형 코드의 폭넓은 다양성을 기초로 한다"(Geiger, 2014: 353).

그러나 금융 시장에서 봇은 무엇을 하는가? 우리가 본 다른 봇처럼 금융 시장의 봇은 일반적으로 반복적인 작업을 자동화하거나 인간이 감당할 수 없는 방대한 양의 정보를 아주 빠르게 수집하고 분석한다. 다른 상거래 봇과 마찬가지로 금융 봇은 지루한 유지 관리 작업, 거래 내역 기록, SEC에 금융 보고서 전송 등을 자동화한다. 그러나 금융 봇이 금융 시장에서 갖는 진정한 가치는 둘째 과제에 있다. 즉, 방대한 양의 정보를 신속하게 수집·분석하고 대응하는 것으로, 이는 금융 시장의 가장 기본적이고 중요한 측면이다.

이러한 후자 유형의 작업을 수행하는 것으로는 세 가지 종류의 봇이 있다. 첫째 유형의 봇인 시뮬레이션 거래 봇은 실제 과거 가격 데이터에 대해 거래 시나리오를 실행해 다양한 잠재적 투자 전략에 대한 성공 여부를 시험한다. 둘째 유형의 봇은 실행 지향 거래 봇으로, 사전 프로그래밍된 특정 트리거 조건이 충족될 때 특정 유형의 거래를 자동으로 수행한다. 특정 주식이 일정 가격에 도달하거나 일정 시간 동안 특정한 수의 거래가 발생하는 경우이다. 셋째 유형의 봇은 '차익 거래 봇'으로, 다양한 거래소에서 통화 가격을 모니터링 및 비교해서 유리한 환율에 기반해 거래한다.[4]

이런 거래 봇에 대해서는 논란이 많은데, 많은 경제학자들은 거래 봇의 사용이 시장이 작동하는 방식을 근본적으로 바꾸었다고 주장한다. 그중 일부는 더 좋아졌다고 생각하고, 다른 일부는 더 나빠졌다고 생각한다. 박과 왕(Park and Wang, 2020)에 따르면, 거래 봇은 "주요 증권시장의 가격을 지속적으로 관찰하기 때문에 개인의 호가 활동을 크게 증가시키고 개별 주식의 수익률을 시장에 더 가깝게 조정"한다. 그렇기 때문에 이 봇을 활용하는 것은 자본자산 가격 결정모델Capital Asset Pricing Model — 재무 설계사 및 기타 사람들이 자산에 대한 수용할 만한 수익률을 결정할 때 사용하는 것 — 을 부활시키는 데 도움이 되었다. 즉, 이런 봇은 사람들이 얼마나 벌거나 잃을지, 그리고 사람들이 감수하는 위험이 어느 정도 합리적인지를 보다 정확하게 결정하는 데 도움이 되는 방식으로 증권시장을 추적할 수 있다. S&P500 지수에 대한 박과 왕의 분석에 따르면, '전자적·자동적 거래'가 10년 전 미국 시장에서 등장한 후 이는 거래 속도에 엄청난 변화를 야기했고, 특정 주식에 대한 수익률 같은 시장의 특정 측면을 분석하는 능력을 키워 미국뿐만 아니라 시장도 근본적으로 변화시켰다.

다른 사람들은 거래 봇의 약점을 지적했다. 알고리즘을 기반으로 한 봇은 "완전 자동화된 초고속 컴퓨터 거래"인 극초단타매매highfrequency trading(HFT)에 참여할 수 있다(Borch, 2016: 350). 크리스티안 보르히Christian Borch에 따르면, 극초단타매매는 "예기치 않은 광분으로 미친 듯이 날뛰는 경향이 있는데", 이는 일이 꼬였을 때 평범한 인간이 알아차리고 개입하기에는 너무 빠르게 움직이고 오류는 빛의 속도로 가중되기 때문이다. 극초단타매매는 2010년 '플래시 클래시Falsh Crash'*에 기여했는데, 당시 브로커들은 새로운 미국의 허점을 이용해 폭넓은 극초단타매매를 활용했다. 금융 규제는 약 30분 만에 1조 달러 규모의 주식 시장 폭락으로 이어졌다.

그럼에도 불구하고 자동화된 거래는 지속될 것으로 보인다. AQR 캐피털 매니지먼트AQR Capital Management의 전 전무이사이자 금융 시장 조사 책임자인 위험 관리 전문가 에런 브라운Aaron Brown에 따르면, "극초단타매매는 이전 10년과 마찬가지로 2020년대에도 중요한 세력이 될 것이다"(Brown, 2020). 극초단타매매는 더 이상 금융 시장의 서부 시대가 아니다. 이제 규제를 통해 극초단타매매 사용을 통제하기 때문에

* 주가가 순식간에 폭락하는 사태를 뜻한다._옮긴이

투자자들은 극초단타매매를 통해 경솔하고 위험한 행위를 하는 것이 더욱 어려워졌다. 하지만 거의 확실하게 극초단타매매를 촉진하는 봇 또한 있다. 인공지능이 발전함에 따라 이러한 봇은 그런 위험을 측정할 때 훨씬 더 똑똑해지도록 프로그래밍될 수 있다. 그러나 다른 모든 봇처럼 금융 봇도 사람이 만든 것이므로 사람의 결점(또는 봇의 제작 방식이나 봇의 경제 이론이나 봇의 윤리적 나침반에서의 결점)이 상업 부문에 심각한 문제를 야기할 수 있다.

결론

팀 버너스-리가 예견했듯이, 인터넷은 우리 일상생활의 필수 요소가 되었으며 지루하고 반복적인 작업에 대한 부담을 여러모로 덜어주고 있다. 그가 시맨틱 웹이라고 부르는 네트워크로 연결된 장치 시스템은 관료주의의 부담을 줄일 수 있으며 우리에게 자신이 좋아하는 일을 할 수 있는 더 많은 시간을 허락한다. 1장에 나온 두낫페이 봇을 기억하는가? 원래 두낫페이는 주차 티켓 발급 절차를 단순화하기 위해 설계되었으나 사용자가 무료 평가판 또는 가입 자동 취소, 이메일 스팸 퇴치 및 환불 처리를 포함한 다양한 법적·관료적 절차를 쉽게 해결할 수 있도록 도와주는 자동화 서비스로 발전했다(Mannes, 2019). '세계 최초의 로봇 변호사'로 불리는 두낫페이는 사람들이 "버튼 하나만 누르면 기업과 싸우고 관료주의를 무찌르고 누구에게나 소송을 제기할 수 있도록" 한다고 주장한다(DoNotPay, 2021). 두낫페이 봇(사실상의 상거래 봇)은 인간이 더 의미 있는 삶을 살 수 있도록 인터넷의 최상의 버전을 실현한 버너스-리의 꿈을 요약한 것으로 보인다.

그러나 인터넷의 최악의 버전 역시 실현되었다. 트롤이 단 6시간 만에 인종차별, 여성 혐오, 증오를 테이에게 가르쳤던 것을 기억하라. 우리는 분명히 할 일이 있다. 아마도 시기도 적절할 것이다. 2016년 정치 봇이 심판을 받은 이후로 소셜 미디어뿐 아니라 모든 종류의 인터넷 플랫폼을 포함한 회사는 인간보다 이익에 초점을 맞춘다는 이유로 점점 더 비난을 받고 있다. 정치인과 대중 모두 인터넷이 우리 삶의 모든 면에 미치는 반사회적 효과에 대해 눈을 떴다. 아마도 지금은 변화를 요구할 시점이다. 우리는 행복과 만족을 염두에 두고 민주주의와 인권이 프로그래밍되도록 플랫폼을 설계할 수 있다(Woolley, 2020).

하지만 시맨틱 웹의 이러한 꿈을 향해 나아가려면 소셜 미디어, 언론, 정치, 사업 등의 인터넷 구성 요소가 창업자나 주주의 주머니를 채우기보다 사회와 사람들에게 혜택을 주도록 구성되어야 한다. 현재 대부분의 소셜 미디어 사이트는 우리가 밖으로 나가 친구들과 오프라인에서 질 높은 시간을 보내도록 권장하기보다 우리를 그들의 플랫폼에 잡아두도록 최적화되어 있다. 이 플랫폼들은 우리가 광고를 보고 물건을 구매하기 원하며, 우리가 계속 그렇게 하는 한 우리가 행복한지에 대해서는 관심이 없다. 금융 봇과 거래 봇은 현재 덜 규제되고 있으므로 시장 갈등을 계속 야기할 텐데, 이들 봇은 우리 중 주식에 투자할 여유가 있는 사람이 아닌 가장 가난한 사람에게 가장 큰 영향을 미친다.

기업 부문은 고객 서비스를 서둘러 자동화하는 것의 인간적 비용을 고려해야 한다. 물론 고객 서비스 챗봇과 가상 개인 비서는 야간에 도움이 필요한 사람들에게 편리하다. 그러나 이들 봇은 고객이 아닌 회사에 이익이 되기 때문에 사용되기 마련이다. 봇은 비용이 더 저렴할 뿐만 아니라 건강 보험이나 유급 휴가, 또는 육아 휴직도 필요로 하지 않기 때문에 인간 작업자를 대체한다. 자동화에 대한 투자를 서두르는 회사는 "열악한 고객 서비스는 사람들을 멀어지게 한다"는 비즈니스 인사이더의 주장을 기억해야 할 것이다. 대부분의 사람은 자동화된 기계보다 인간이 고객 서비스 직무에 더 효과적이라는 데 동의할 것이다. 그 이유는 인간은 봇과 달리 좌절, 슬픔, 분노 같은 감정을 이해할 수 있기 때문이다.

05 봇과 인공지능

"새롭게 얻은 명성에 어떻게 적응하고 있습니까?" 질문자가 물었다.

유진 구스트만Eugene Goostman의 답변은 다소 조심스러웠다. "괜찮으시면 저는 말하지 않겠습니다. 그런데 당신은 직업이 무엇입니까? 당신이 하는 일에 대해 이야기해 주시겠습니까?"(Aramoth, 2014)

유진은 세상의 이목에 익숙해지느라 애를 먹고 있었다. 아마도 익숙해지지 않을 것이다. 하룻밤에 유명해지는 것은 13세 소년에게 어려운 일이겠지만, 질문을 피하려는 유진의 시도는 10대의 사회적 불안감으로부터 영향을 받은 것은 아니었다. 그것은 유진이 자신의 감정에 대해 이해하거나 이야기하는 데 어려움을 겪기 때문이 아니라 그가 단순히 아무런 감정이 없기 때문이었다. 그러나 이런 사실을 공개하는 것은 유진 구스트만 프로그램의 전체 목적에 반하는 것이었다. 즉, 이 프로그램의 목적은 이야기를 걸어오는 모든 사람에게 자신이 인간을 흉내 내는 봇이 아니라 인간이라는 것을 확신시키는 것이다.

유진은 완벽하지 않았지만 충분히 완벽해 보였다. 2014년 6월 일부 언론 보도에 따르면, 유진은 튜링 테스트를 통과한 것으로 추정되는 '최초'의 봇이 되었다. 그 테스트는 인공지능의 창시자 중 한 명인 앨런 튜링Alan Turing의 이름을 따서 지어졌다. 튜링은 1950년 "기계가 생각을 할 수 있을까?" 하는 질문을 쓸모없게 만들기 위해 이 테스트를 고안했다. 튜링에 따르면, 기계가 수행한 작업의 결과가 인간이 달성한 것과 구별되지 않는다면 기계가 생각을 하는지 여부는 문제가 되지 않는다(Wooldridge, 2020: 236). 예를 들어, 기계가 대화 상대방에게 자신이 사람이라고 믿게 할 만큼 충분히 숙달되어 있다면 기계의 대화 결과는 기계가 실제로 '생각을 하는지' 여부와 관계없이 기능적으로 인간의 결과와 동일하다는 뜻이다(Sharkey, 2012; Turing, 1950). 이것은 유진 구스트만이 런던 왕립학회가 실시한 튜링 테스트 2014 대회에서 할 수 있었던 것과 정확히 일치했다. 컴퓨터 단말기를 통한 타이핑 대화에서 유진은 심사위원의 33%를 속여 자신이 인간이라고 믿게 만드는 데 성공했다(BBC News, 2014).

유진은 어떻게 했을까? 우선 유진의 인간 대화 흉내가 성공한 것은 유진에 대한 기대가 제약적이었기 때문이다. 유진은 자신의 신상에 대해 13세의 우크라이나 소년이라고 말했다. 그 결과 유진의 튜링 테스트 대화 상대 중 다수는 봇의 숨길 수 없는 오류를 놓쳤다. 그들은 그러한 오류에 대해 유진이 제2외국어로 영어를 사용하기 때문이라고 여기거나 10대 소년 사이에서는 집중간격이 짧거나 불합리한 추론을 하는 일이 그다지 드물지 않기 때문이라고 여겼다.

리딩대학교University of Reading의 이벤트 조직 담당자는 유진의 성과에 대해 "역사적인 일"이자 "인공지능에서의 이정표"라고 반겼고(University of Reading, 2014), 많은 참가자들도 똑같이 여겼다. 그러나 모든 사람이 같은 배를 탄 것은 아니었다. 이벤트 조직 담당자는 유진이 정해진 주제 없이 임의 주제로 튜링 테스트를 통과했다고 밝혔지만, 다른 이들은 "유진 구스트만은 속임수의 힘을 증명했다. 유진은 영악한 엔지니어링의 역작이지만 진정한 지능과는 거리가 멀다"라고 말했다(Marcus, 2014). 그 분야의 다른 전문가들 역시 제한된 대화 환경에서만 작동하는 패리PARRY 같은 초기 봇은 한참 전인 1972년에 튜링 테스트를 이미 통과했다고 올바르게 지적했다(Jurafsky and Martin, 2020). 패리는 편집증적 정신분열증 환자를 모방한 기본 챗봇이었는데, 심리학자들은 패리와 나눈 인터뷰 녹취록과 그 질병을 실제로 앓고 있는 실제 인간 환자와 나눈 인터뷰 녹취록을 구분하지 못했다(Colby et al., 1972). 이것은 부분적으로 (마치 10대 소년처럼) 편집증적 정신분열증 환자는 종종 화제를 뛰어넘거나 불합리한 말을 하곤 하기 때문이었다.

미국의 발명가이자 인공지능 전문가인 휴 뢰브너Hugh Loebner에 따르면, 유진이 합격한 튜링 테스트의 특정 사례는 대화가 5분밖에 지속되지 않았으므로 유효하지 않았다. 뢰브너는 심사위원들이 그 정도 시간으로는 대화 상대에 대해 제대로 된 결론을 내릴 수 없었다고 주장했다(Bosker, 2014). 뢰브너 자신은 뢰브너 상이라고 알려진 연례 튜링 테스트 대회에서 오랫동안 조직 담당이었는데, 심사위원들은 25분 동안 단말기 앞에서 상대방과 대화했다. 이전 몇 년 동안 유진은 뢰브너 대회를 통과하지 못했었다. 그러나 인공지능 전문가들 사이에서는 뢰브너 대회조차도 일반적으로 유효한 것으로 간주되지 않는다. 인공지능의 선구자 중 한 사람인 마빈 민스키Marvin Minsky에 따르면, 뢰브너 대회는 "아주 불쾌하고 어리석었으며 의미 없는 홍보용 곡예였다"(Sundman, 2003; Woodridge, 2020: 27). 다른 전문가들은 튜링 테스트 자체를 구식이고 임의적인 장애물이라고 보기 때문에 유진의 성공을 여전히 묵살하고 있다. 한 언론인이 말했듯이 "튜링 테스트를 통과하는 것은 인간이 실제라고 믿을 만큼 기계를 충분히 지능적으로 만드는 것이 아니라, 얼마간 지능적인 답변을 미리 작성해서 실행하기 위해 인간으로부터 일정 질문을 기다리는 프로그램을 만드는 것이다"(Aramoth, 2014).

유진 구스트만에 대한 이야기는 인공지능의 역사를 관통하는 많은 주제를 구체화한다. 인공지능이 개념으로 등장한 이후 인공지능 발전에 대한 보도는 종종 선정적이며 오해의 소지가 있었다. 전문가들은 무엇이 '지능'을 구성하는지, 그리고 어떻게 거기에 도달할 수 있는지에 대해 종종 합의하지 못했다. 많은 상황에 잘 적응하고 잘 행동하는 범용 기계를 설계하는 것보다 단단히 테두리를 정한 맥락 안에서 성공하는 과제 특화된 프로그램을 만드는 것이 언제나 더 쉬웠다.

이 장에서는 특히 봇과 관련해 인공지능의 역사를 파헤치면서 이런저런 주제를 살펴볼 것이다. 인공지능은 철학, 언어학, 사회학, 컴퓨터과학에 의존하는 풍부한 역사를 가진 폭넓은 분야로, 최근에는 통계학과 확률, 신경과학까지 포함하는 것으로 확장되고 있다. 인공지능은 컴퓨터 영상에서부터 로봇 청소기에 이르기까지 모든 것을 다룬다. 이 주제는 그 자체로 흥미롭지만, 우리는 봇의 진화 및 봇이 인공지능을 이용하는 최근의 추세와 가장 관련 있는 사건과 발전에 대해, 특히 머신 러닝이라는 인공지능의 하위 분야에 있는 사건과 발전에 대해 집중적으로 다룰 것이다. 우리는 봇이 인간과 대화하기 위해, 심지어 다른 봇을 찾아내기 위해 인공지능을 어떻게 사용하는지 살펴보고, 차세대의 봇 혁명을 주도할 수 있는 인공지능의 미래 발전에 대해 간단하게 조사할 것이다.

이러한 발전은 최근 인공지능 발전과 함께 봇이 얼마나 진전해 왔는지를 보여줄 뿐만 아니라, 신문이나 회사가 인공지능 기술을 사용한다고 주장하는 경우에도 실제로 인공지능 기술을 활용하는 봇이 얼마나 드문지 또한 보여줄 것이다. 마찬가지로 인공지능 기술은 인간-봇 커뮤니케이션을 발전시켰으며, 최근에는 정치 봇, 소셜 봇, 그리고 상거래 봇 기술의 진화를 주도했다. 인공지능 기술은 문장에서 단어가 지닌 실제 의미와 같은 실제 세계에 대한 봇의 이해도를 향상시켰으며, 봇 대 봇 커뮤니케이션 그리고 봇 대 인간 커뮤니케이션 모두를 진전시킬 수 있는 커다란 가능성을 가지고 있다.

인공지능이란 무엇인가

봇과 마찬가지로, 인공지능 또한 정의를 내리기 어렵다. 인공지능은 종종 인공지능 개발자 간에 통일된 합의의 문제가 아니라 움직이는 목표물이다. 기술 역사학자인 폴 체루지Paul Ceruzzi는 유용한 기본 정의를 내놓았다. "[인공지능의] 고전적인 정의는 인간이 수행할 경우 지능적이라고 간주되는 작업을 수행하는 컴퓨터의 정의이다." 그러나 체루지 스스로 이것이 아무리 유용하더라도 안정감 있는 분류방식은 아니라고 인정했다. 왜냐하면 "실제로 컴퓨터가 더 강력해짐에 따라, 체스를 잘 두는 것과 같은 행동은 한때 인공지능 연구의 최전선이라고 생각되었지만 이제 더 이상 인공지능으로 간주되지 않기 때문이다"(Ceruzzi, 2012: 169).

인공지능에 대한 정의를 내리기 어려운 이유는 일부 솔직하지 못한 개발자들의 과장(때로는 노골적인 속임수) 때문이기도 하다. 인공지능이라고 홍보된 것 중 일부는 그냥 신기루이다. 역사적으로 최초의 '인공지능'인 19세기 말 미캐니컬 터크Mechanical Turk(이것은 체스 경기를 통해 자신의 지능을 입증했다)는 상자 안에 사람이 들어가 조종했던 것으로 밝혀졌다. 최근 러시아의 청소년 과학 포럼에 등장한 '하이테크 로봇' 역시 똑같은 사기임이 밝혀졌다. 이것 역시 로봇 옷을 입은 사람이었다(Roth, 2018). 한 전문가는 사람들이 "사실 배후에 인간의 생각이 있는데도 자신이 보는 것을 인공지능이라고 믿는 것"을 '가짜 인공지능'이라고 불렀다(Wooldridge, 2020: 208).

오늘날에는 인공지능으로 인정되는 항목에 대한 슬라이딩 표가 있는데, 이는 능력의 연속선으로 생각될 수 있다. 가장 고점 수준에는 인간 지능과 동등한 일반적 능력이 있고, 등급을 내려가면서 적용이 좀 더 구체적이고 좁게 집중된다. 이런 차이를 나누기 위해 존 설John Searle

은 '강한' 인공지능('일반' 인공지능이라고도 하며, 일반적인 지능을 갖고 있고 더 높은 단계의 여러 가지 추상적인 작업을 수행할 수 있다)과 '약한' 인공지능(매우 전문화된 하나의 인공지능 작업을 뛰어난 기술로 수행한다)이라는 새로운 용어를 만들었다(Searle, 1980). 현재까지는 강한 일반 인공지능 시스템이 없으며, 대부분의 전문가는 이를 달성하기에는 아직 멀었다는 데 동의한다(Floridi, 2016; Mims, 2017). 스탠퍼드대학교 컴퓨터공학 교수에 따르면, "인공지능은 지난 10년 동안 진정 놀랄 만한 발전을 이루었지만 컴퓨터는 여전히 일반 상식 또는 다섯 살짜리 아이의 일반적인 지능마저도 보여주지 못한다"(Myers, 2017). 현존하는 모든 인공지능 프로그램은 '약한' 인공지능 범주에 해당하는데, 기계 번역, 자율 주행 자동차, 게임 플레이 프로그램처럼 최근 머신 러닝과 신경망의 붐에서 성장한 프로그램이 여기에 포함된다. 이러한 인공지능 프로그램은 모두 훈련된 작업을 수행하는 데에는 상당히 효과적이지만 다른 것은 전혀 할 수 없으므로 인간의 지능이나 의식과는 견줄 수 없다(Wooldridge, 2020: 29).

인공지능과 봇의 역사

1장에서 우리는 1970년대 말부터 현재까지의 봇의 역사를 자세히 추적했다. 봇 진화에서 우리가 살펴본 몇 가지 주제는 인공지능의 역사에서도 하나의 분야로 존재한다. 봇과 마찬가지로 인공지능도 컴퓨터만큼이나 오랜 시간 우리 주변에 있어왔다. 실제로는 봇보다 더 오랜 시간 존재해 왔다. 인공지능의 최초 발전 중 많은 부분은 컴퓨터가 등장하기 훨씬 이전부터 비롯되었다. '인공지능'이라는 용어는 1955년으로 거슬러 올라간다. 이 분야의 창시자 중 한 사람인 존 매카시John McCarthy가 다트머스대학에서 여름 연구 프로그램을 위한 자금 조달 제안서에 이 용어를 사용했다(Wooldridge, 2020: 37~38). 인공지능의 최초 뿌리는 퍼셉트론 모델perceptron model의 기초 이론이 나오던 1940년대와 1950년대이다. 1940년대의 이전 연구에서 영감을 받은 프랭크 로젠블랫Frank Rosenblatt 교수는 1950년대에 퍼셉트론 모델을 개발했다(McCullough and Pitts, 1943; Rosenblatt, 1958). 이 모델은 인간 뇌의 구성 요소인 신경세포 뉴런을 기반으로 한다. 기본적인 단계에서 뉴런은 아날로그 신경 신호를 입력으로 받아 인근의 뉴런으로 메시지를 전송하는 방식으로 작동하며, 이 과정을 반복한다. 뉴런은 뇌 속에서 함께 작용해 뇌의 신호 전송을 돕는다. 퍼셉트론의 목적은 컴퓨터가 패턴 인식을 통해 그때그때 '학습할' 수 있도록 하는 것이었다. 즉, 수신한 정보를 받아들이고 그에 작용해서 반응으로 나오는 성과를 개선하거나 바꾸는 것이다(Alpaydin, 2016: 86~87). 해군은 퍼셉트론이 "인간의 훈련이나 통제 없이 주변 환경을 접수·인식·식별할 수 있는" 최초의 무생물 기계가 될 것이라고 주장했는데(*New York Times*, 1958), 실제로 퍼셉트론은 왼쪽과 오른쪽을 구별하는 방법을 컴퓨터에 성공적으로 '가르칠' 수 있었다. 오늘날에는 사소하게 들릴지 모르지만 이것은 엄청난 혁신이었다. 퍼셉트론은 2010년 이후 이루어진 인공지능의 발전과

열정이라는 물결의 주요 기반이다.

기계가 각 단계에서 명시적인 지시 없이 자신의 성능을 바꾸고 향상시키는 방법을 배우도록 하는 작업은 인공지능에서 머신 러닝이라고 알려진 하위 분야이다. 표준 컴퓨터 프로그램은 사전 정의된 작업을 통해 컴퓨터를 안내하는 일련의 명령으로, 이러한 작업을 수행하고 수집하는 모든 정보를 처리하는 방법에 대한 세부적인 단계별 설명이다. 반면에 머신 러닝 프로그램은 반복적이어서, 컴퓨터가 훈련 데이터training data라고 알려진 제한된 이전 관찰에서 이미 본 것을 기초로 성능을 변경할 수 있다.

퍼셉트론은 머신 러닝을 최초로 성공적으로 구현한 것 중 하나로, 지난 10년 동안 많은 인공지능 혁신을 주도한 머신 러닝 접근법을 만들었다. 다수의 퍼셉트론이 함께 사용되면 오늘날에는 신경망으로 알려진 다층 퍼셉트론을 형성한다. 신경망(딥 러닝deep learning이라는 이름으로도 알려져 있다)은 최근 인공지능에서 이루어진 가장 인상적인 많은 발전의 배후이다. 몇 가지만 들어보면, 신경망은 기계 번역을 향상시켰고, 의사가 인간의 눈으로 탐지할 수 없는 엑스레이 이상 증상을 찾아내도록 도왔으며, 자율 주행 자동차의 등장을 가능케 했다(Wooldridge, 2020: 115). ≪코넬대학교 연보Cornell Chronicle≫에서 썼듯이, 로젠블랫의 "퍼셉트론은 인공지능의 길을 60년 일찍 닦았다"(Lefkowitz, 2019).

인공지능의 발전을 제한하는 것은 무엇인가

퍼셉트론 배후의 기본 이론이 일찍이 1940년대부터 있었다면, 신경망이 등장해서 현대 인공지능 혁명을 추진하는 데에는 어째서 반세기 이상이 걸렸을까? 결국 1950년대와 1960년대에 새로운 분야는 종종 획기적인 혁신에 대한 거창하고 포괄적인 주장의 주제였다. 1965년 이 분야의 창시자 중 한 명인 허버트 사이먼Herbert Simon 교수는 "20년 내에 기계는 사람이 할 수 있는 모든 일을 할 수 있게 될 것"이라고 예측했고, 이 분야의 또 다른 초창기 개척자인 마빈 민스키Marvin Minsky는 "한 세대가 지나면 '인공지능'을 만드는 문제가 상당히 해결될 것"이라고 생각했다(Leonard, 1997: 32). 1956년 첫 인공지능 컨퍼런스에 참석한 민스키 교수의 동료 대부분은 그에게 동의했다(Issacson, 2014: 468).

현재 위치에 도달하기까지 그렇게 오래 걸린 이유는 인공지능의 발전이 유난히 고르지 않았고 예견할 수 없었기 때문이다. 몇 가지 핵심 요인이 인공지능 발전의 촉매제 또는 애로사항으로 작용했다. 그중 하나는 연구와 혁신의 속도였는데, 인공지능을 발전시킬 수 있는 원리와 기술을 발견하는 데 시간이 걸렸다. 아마도 똑같이 중요한 애로사항은 컴퓨터의 계산 능력으로, 이는 인공지능 발전을 하나의 분야로 오랫동안 제한해 왔다. 딥 러닝 모델을 개발·훈련·실행하는 데 필요한 컴퓨터 자원은 지난 10년 동안에야 등장했다.

계산 능력은 단순히 컴퓨터가 초당 수행할 수 있는 계산의 수이다. 컴퓨터가 정해진 시간 내에 더 많은 계산을 끝낼수록 더 빨리 정보를 처리할 수 있으며 전체적으로 더 많은 정보를 처리할 수 있다. 1960년대 이후 계산 능력은 무어의 법칙이라고 알려진 추세를 따라 대체로 2년마다 대략 2배가 되었다. 계산 능력은 컴퓨터 산업이 더 많은 트랜지스터(컴퓨터가 필요로 하는 정보를 인코딩하는 전자 신호를 실제로 전달하는 것)를 컴퓨터 칩 표면에 장착하는 방법을 개발하는 데 우선순위를 두면서 증가해 왔다. 즉, 무어의 법칙은 운동량 보존의 법칙처럼 불변의 법칙이 아니었다. 그 법칙은 컴퓨터 하드웨어 산업이 수십 년 동안 계속 이루기 위해 노력했던 목표였다(*Economist*, 2016). 전문가들은 퍼셉트론의 초기부터 신경망을 훈련하고 구현하는 데 필요한 컴퓨터 리소스가 존재하지 않는다는 것을 알고 있었다. 2010년에 이르러 계산 능력이 크게 향상되고 그래픽 처리장치(GPU) 및 병행 처리의 등장으로 현대 컴퓨팅의 모습이 바뀌었을 때라야 컴퓨터는 방대한 양의 훈련 데이터를 저장·처리하는 물리적 용량을 갖추게 되었다. 이런 하드웨어가 가능해지자마자 컴퓨터 영상과 기계 번역 같은 인공지능의 여러 하위 분야에서 중대한 진전이 이루어졌다(Hwang, 2018).

사회적 요인 역시 인공지능의 발전을 방해해 왔다. 이 분야 안팎의 사회적 태도가 발전의 속도에 영향을 끼쳤다. 이 분야가 시작된 이래로 인공지능에 대한 열정은 높았다가 낮았다가를 반복했다. 인공지능 연구에 대한 열정이 저조했던 시기를 인공지능의 겨울AI Winter이라고 부른다(Markoff, 2015). 붐이 일었던 기간에는 비약적인 발전이 있었다. 인공지능에 대한 접근법 중 어떤 것이 미래에 가장 유망한지에 대한 합의는 변하는 경향이 있지만, 붐이 일었던 각 기간 동안 귀중한 직관이 더

해졌고 전반적으로 이 분야의 발전을 도왔다. 인공지능에 대한 낙관주의의 첫째 시기는 1950년대부터 1970년대 초까지로, 이때에는 기호적인 논리 표현에 대한 관심이 특징이었다. 인공지능에 대한 열정의 후속 물결은 처음에는 지식 표현 및 규칙 기반 접근법을(1980년대), 그다음에는 행동주의 및 에이전트 기반 접근법을(1990년대), 그리고 마지막으로는 딥 러닝과 신경망을(대략 2014년부터 현재까지) 강조했다(Wooldridge, 2020: 6). 따라서 사회적 태도는 어떤 하위 분야와 접근법이 관심과 투자를 받는지에 영향을 끼치고 이러한 태도는 어떤 하위 분야가 발전하는지를 결정한다. 대부분의 인공지능 역사에서 신경망은 해당 분야에서 인기 있는 연구 흐름이 아니었다. 한 언론인이 말했듯이 "컴퓨터 과학자들은 신경망을 막연하게 평판이 좋지 않은 것으로, 심지어 신비로운 것으로 보았다"(Lewis-Kraus, 2016).

마지막으로, 인공지능 연구의 진행은 주로 자금 조달에 의해 결정되었다. 인공지능을 연구하는 데에는 돈이 많이 든다. 자금이 풍부한 투자자가 승인하지 않으면 이 분야에서 새로운 돌파구를 마련하기가 어렵다. 첫 번째 인공지능 붐의 끝이 1960년대 말경 찾아왔다. 당시 미국과 영국에서 인공지능 연구에 투자했던 기관들은 인공지능과 기계 번역 같은 특정 하위 분야에서의 발전 상태를 평가하기 위해 두 개의 보고서를 의뢰했다. 두 보고서 모두 인공지능 발전에 비판적이었으며, 이로 인해 이 분야에 대한 재정 투자가 심하게 제한되었다. 영국의 라이트힐Lighthill 보고서와 미국 ALPAC Automatic Language Processing Advisory Committee 보고서에 따르면, 이 분야는 여러 해에 걸쳐 자금이 지원된 후에도 이룬 것이 거의 없었다. 그 결과 연구를 수행하고 혁신을 주도하는 학계와 전문가들에게 제공되는 돈의 흐름이 줄어들거나 차단되었다(Lighthill, 1972; Pierce and Carroll, 1966). 물론 연구 자금은 모든 학계에 중요하지만, 인공지능 분야의 전문가들은 이 보고서들이 1970년대 초에 첫 번째 인공지능 겨울로 접어들게 하는 데 특별한 영향을 미쳤다고 강조한다(Hutchins, 2003; Poibeau, 2017; Wooldridge, 2020: 61~62).

에이전트 기반의 인공지능, 시맨틱 웹과 머신 러닝

인공지능은 방대하고 다양한 응용을 가진, 풍부한 학제 간 분야이다. 이 장에서는 봇에 가장 직접적으로 영향을 끼친 분야에 초점을 맞춘다. 두 가지 특별한 개발이 봇에 커다란 영향을 미쳤는데, 바로 1990년대에 에이전트 기반의 인공지능 패러다임이 개발된 것과 2010년대에 머신 러닝이 진전된 것이다.

1950년대에 인공지능 분야가 시작된 이래 1990년대에는 세 번째 인공지능 붐이 일어났다. 이러한 연구의 흐름은 특정 환경에 몰두하면서 사용자 대신 특정 작업을 수행할 수 있는 '에이전트'로서의 또는 컴퓨터 행위자로서의 인공지능 프로그램을 새롭게 강조했다. 에이전트는 미리 정의된 작업을 수행하기 위해 다른 사용자 및 에이전트와 상호작용할 수 있는 자율 프로그램으로 구상되었다.

인간-컴퓨터 상호작용의 중심 기능인 자율 에이전트의 비전은 이전

장에서 소개한 팀 버너스-리의 시맨틱 웹이 꿈꾼 이상적인 비전의 핵심이다. 버너스-리의 목표(이는 오늘날 많은 기술자가 여전히 공유하는 목표이기도 하다)는 인간이 의미 있는 추구를 할 수 있도록 인간에게 더 많은 자유 시간을 제공하기 위해 일상적인 작업을 자동화하는 것이었다. 기술적으로 말하면 시맨틱 웹이란 에이전트(또는 봇)가 자신의 호스트를 위해 작업을 수행하는 월드 와이드 웹을 기계로 해석할 수 있도록 연결하는 것이 핵심이다(Berners-Lee, 1998). 우리는 봇의 미래를 검토하는 결론에서 이 아이디어를 좀 더 깊이 탐구할 것이다. 지금은 이 에이전트 중심의 미래 구상이 에이전트 기반의 인공지능 및 봇이라는 아이디어와 밀접하게 얽혀 있다는 것을 기억하는 것으로 충분하다.

에이전트가 사람과 컴퓨터를 연결하는 자율적인 행위자가 될 수 있다는 아이디어는 커다란 변화로, 하드웨어 기반의 에이전트라는 로봇 개념에서 벗어나 더욱 소프트웨어 지향적인 에이전트 — 현재 우리가 봇이라고 부르는 것에 더 가까운 형태 — 로 이동한 것이었다. 에이전트는 에이전트 기반 인터페이스를 통해 이메일을 가져와 처리하고 웹을 서핑하고 인간과 일할 수 있으며(Wooldridge, 2020: 96~88), 일정 잡기 같은 일상적인 작업을 관리함으로써 인적 워크플로와 상호작용을 간소화할 수 있다(Maes, 1994). 이것은 봇의 능력과 목적에 대한 새로운 개념이었다. 이러한 비전을 실현시키는 데 필요한 컴퓨팅 능력과 이러한 비전이 자율적으로 작동할 수 있게 해주는 머신 러닝 기술은 또 다른 20년 동안은 실현되지 않겠지만, 1990년대에 등장한 에이전트 기반의 인공지능의 기풍은 아마존의 알렉사, 애플의 시리, 구글홈, 마이크로소프트의 코르타나 같은 현대 인공지능 비서를 위한 기반이 되었다(Maes, 1994; Wooldridge, 2020: 98).

자율 에이전트에 대한 1990년대의 혁신이 실현되기 위해서는 한 가지 요소가 더 필요했는데, 바로 2010년대의 데이터 저장 및 컴퓨팅 능력의 증가를 요구하는 개발이었다. 이러한 개발은 머신 러닝인데, 머신 러닝은 제한된 입력 모둠에서 패턴을 학습하고 인식하는 방법을 기계에 가르치는 것과 관련된 인공지능의 하위 분야 중 하나이다(Hwang, 2018). 머신 러닝은 오늘날의 봇과 인공지능을 만드는 데 가장 직접적으로 도움이 되었다. 사실 오늘날 언론이나 대중이 인공지능이라고 부르는 것은 거의 모두 실제로 머신 러닝의 한 형태이다. 일부 투자자와 실무자는 이제 머신 러닝과 인공지능이라는 용어를 동의어로 받아들이고 있다. 두 명의 인공지능 전문가와의 인터뷰에서 한 벤처 투자자는 인공지능과 딥 러닝(머신 러닝의 한 형태)이 "완전히 호환 가능하다"고 했다(Elish and Hwang, 2016).

머신 러닝은 지도 학습과 비지도 학습 두 가지 주요 형태로 제공된다. 지도 학습의 목표는 실제로 인식해야 할 패턴이 라벨링*된 예제를 사용해서 컴퓨터를 '훈련'시키는 것이다. 지도 학습은 분류 작업에 종종 사용되는데, 이는 입력의 특정 예제가 특정 범주에 속하는지 여부(예를 들면, 지정된 트위터 계정이 봇인지 아닌지)를 결정하는 것이다. 가장

* 라벨은 답이 정해져 있는 값을 뜻한다. 라벨링된 데이터(labeled data)는 데이터에 대한 답이 주어져 있어 정답 데이터라고도 한다._옮긴이

기본적인 수준에서 지도 머신 러닝 알고리즘은 주어진 입력이 미리 정의된 범주와 일치하는지 여부를 이전에 본 데이터를 기반으로 알려준다(Alpaydin, 2016: 38~54). 지도 머신 러닝 모델이 교육용 데이터를 통해 수천 또는 수백만 개의 라벨링된 데이터의 예제를 샅샅이 살필 때, 그것은 각 데이터의 어떤 특징이 특정 범주에 속하는 것을 가장 잘 예측할 수 있는지를 학습한 다음, 주어진 입력 예제가 해당 범주에 속하는지에 대해 최선의 추측을 출력한다.

이에 대한 구체적인 예를 들면 도움이 될 것이다. 지도 학습의 한 형태는 언어 모델로, 이는 주어진 문장이 어떤 언어로 작성되었는지 알려주는 알고리즘이다. 우리가 프랑스어로 된 문장을 찾고 있다고 가정해 보자. 우리는 2000개의 문장으로 컴퓨터를 훈련시킬 수 있다. 그중 1000개는 프랑스어로 작성하고('프랑스어'로 라벨링), 다른 1000개는 다른 언어로 작성한다('프랑스어 아님'으로 라벨링). 이 예제에서 컴퓨터는 프랑스어로 작성된 문장을 예측하는 특정한 특징을 추출할 것이다. 아마도 é, è, à 같은 악센트 문자의 존재 또는 un, une, le, la 같은 단어의 등장일 것이다. 이런 프로세스는 주어진 문장이 프랑스어로 작성되었는지 여부를 알려주는 지극히 기본적인 분류기를 생성할 것이다. 이 모델은 매우 기본적인 수준에서 작동한다.

반대로 비지도 머신 러닝에서는 컴퓨터에 주어진 데이터가 라벨링되어 있지 않다. 데이터는 컴퓨터에 단순히 주어지며 컴퓨터가 그 예제로부터 가능한 모든 연관성을 학습한 다음 식별된 유사성에 따라 예제를 '군집화(클러스터)'한다. 예를 들어 신경망은 이미지에서 공통된 패턴을 추출할 수 있으므로 판다 곰이 사진에 있는지 여부를 '인식'할 수 있다. 컴퓨터는 판다라는 것이 실제로 무엇인지 이해하지 못하지만 비지도 학습을 이용해 일련의 판다 이미지가 디지털 특징(색깔, 윤곽 등)의 형태로 공통점을 갖고 있음을 탐지할 수 있고 이런 특징을 다른 이미지에 판다가 포함되어 있는지 판단하는 데 이용할 수 있다. 비지도 학습, 특히 딥 러닝(심층 학습)/신경망이 지난 10년 동안 인공지능 발전에 미친 영향은 아무리 강조해도 지나치지 않는다.

이 두 가지 형태의 머신 러닝 간의 기본적인 차이는, 지도 학습의 경우 학습한 데이터가 필요로 하는 정보를 제공하기 위해 (인간 전문가에 의해) 라벨링되므로 컴퓨터가 자신이 무엇을 찾는지 알고 있는 반면, 비지도 학습에서는 사전 정의된 목표 없이 주어진 예제에서 가능한 모든 패턴을 찾을 수 있는 자유가 컴퓨터에 주어졌다는 것이다. 고품질의 확실한 결과를 얻기 위해서는 지도와 비지도 머신 러닝 양쪽 모두 우수한 훈련 데이터를 필요로 한다. 그리고 그러한 훈련 데이터는 컴퓨터가 실제로 맞닥뜨릴 것을 반영할 수 있을 만큼 대표성 있고 다양하고 고품질이어야 하며, 데이터에서 유의미한 패턴을 찾을 수 있을 만큼 충분히 커야 한다.

봇이 인공지능을 활용하는 방법

지금까지 살펴본 바와 같이 인공지능은 매우 광범위하고 응용 범위가 다양한 학제 간 분야이다. 봇이 인공지능을 활용하는 모든 방식을 탐구하는 것은 당연히 책 한 권이 될 만한 주제이다. 여기서는 이 책에서 살펴본 것처럼 봇에 중심이 되는 두 가지 주요 인공지능 응용, 즉 봇 탐지(봇이 다른 봇들을 식별하는 것)와 인간 언어 처리(자연어 처리Natural Language Processing 또는 NLP라고 알려진 분야)에 초점을 맞출 것이다.

봇 탐지

다소 역설적이게도 봇은 다른 (악의적인) 봇을 잡는 작업에 점점 더 많이 활용되고 있으며, 봇 탐지는 인공지능 기술을 활용하기 시작했다. botcheck.me, Bot Sentinel 같은 여러 개의 봇 탐지 봇이 트위터에서 활동한다. 이러한 도구 중 다수는 플랫폼에서 다른 봇을 탐지하기 위해 머신 러닝을 이용한 후 탐지한 내용에 대해 트윗에 게시한다 (BotSentinel.com, 2020).

봇 탐지를 위한 봇의 활용은 1990년대에 캡차(CAPTCHA)의 등장과 함께 시작되었다. CAPTCHA는 'Completely Automated Public Turing test to tell Computers and Humans Apart'(컴퓨터와 인간을 구분하는 완전 자동화된 공개 튜링 테스트)의 약자이다. 캡차는 인터넷 사용자가 온라인 서비스에 접속하기 위해 종종 (때로는 귀찮게) 통과해야 하는 테스트로, 인간에게는 시시하지만(예를 들면, 표시되는 글자를 입력하시오, 소화전이 있는 사진을 고르시오 등) 봇에게는 어렵거나 불가능한 과제이다. 봇이 증가하면서 캡차 테스트도 증가했다. 2010년 구글은 이미 자체 속성에서 초당 최대 1만 5000개의 캡차를 제공하고 있다(Tarnoff and Weigel, 2020: 84). 오늘날 인간은 하루에 10억 개 이상의 캡차를 풀고 있다(Live Botcoin News, 2018). 2020년 코미디언 존 멀레이니John Mulaney가 "우리는 로봇에게 '난 로봇이 아니야'라고 말하는 데 하루의 대부분을 보낸다"라고 불평했을 정도로 캡차는 어디에나 있다.

캡차는 봇 탐지 세계의 축소판이다. 1990년대에는 캡차가 시시한 수준이어서 대부분 이미지로 보이는 몇 개의 글자 또는 숫자를 입력하는 것으로 구성되었다. 봇이 발전함에 따라 이런 테스트를 극복할 수 있었고, 캡차 설계자들은 봇이 광학문자인식(OCR) 소프트웨어를 사용해 이미지를 성공적으로 읽지 못하도록 글자를 왜곡하고 색을 입히는 방식으로 대응했다(Burling, 2012; Dzieza, 2019). 이것이 3장에서 언급했던 봇 제작자와 봇 탐지기 간에 벌어지는 '무기 경쟁'의 또 다른 예이다. 이것의 장점은 시소를 타듯이 한 편이 다른 편을 이기려고 번갈아 혁신한다는 것이다(Cresci et al., 2017). 오늘날의 캡차에는 복수의 단계와 이미지 기반 테스트가 포함된다. 봇이 이를 피하는 방법을 어떻게 배울지 그리고 캡차 설계자들이 이에 어떻게 대응할지 누가 알겠는가?

캡차는 봇 탐지의 아주 간단한 예이다. 소셜 미디어에서는 훨씬 더 발전되고 깊이 있는 기술들이 소셜 봇을 찾아내는 데 이용된다. 2010년대 초 머신 러닝 기반의 봇 탐지기는 지도 학습 기술을 이용해 '봇' 또는 '인간'이라고 라벨링된 많은 수의 계정을 알고리즘에 피드하고 개개의 계정이 '봇인지 아닌지' 분류하도록 했는데, 이 알고리즘은 이 데이터를 미래 예측의 근거로 사용했다. 이 접근법은 한동안은 아주 잘 작동했지만 몇 가지 잘 알려진 문제점이 있었다. 그중 하나는 '실측 자료* 문제'이다. 이것은 훈련 데이터에 사용되는 봇/인간의 '라벨'은 인간의 판단이며 현재의 증거에 따르면 인간은 이런 평가에 특히 능숙하지 못하다는 것이다(Edward et al., 2014; Subrahmanian et al., 2016). 10년 전의 감독 기술은 또한 네트워크보다 개개의 계정에 초점을 두었다. 사이보그(2장에서 논의한)가 등장한 것은 이러한 지도 학습 봇을 탐지하는 체계에 대한 대응이었다. 사이보그는 분류 알고리즘을 혼동시킨다. 사이보그는 완전히 자동화된 계정의 특성과 실제 인간 계정의 특성을 함께 가지므로 봇이라고 식별하기가 매우 어렵다.

이런 단점을 극복하기 위해 봇 탐지 도구는 심층 학습(딥 러닝)이 실제로 실행 가능해진 2012년 이후 신경망과 같은 비지도 머신 러닝 기술을 이용하기 시작했다. 오늘날에는 지도 봇 탐지 도구만큼이나 비지도 봇 탐지 도구도 많다. 어떤 접근법을 사용하든 간에 머신 러닝과 인공지능은 현대 봇 탐지의 핵심이다. 가장 최근의 기술은 자동화된 계정을 식별하기 위해 GANs(Generative Adversarial Networks, 생성적 대립 신경망)라는 머신 러닝 기술과 네트워크 분석 기술을 통합하는 것이다(Cresci, 2020).

* 실측 자료는, 라벨과 달리, 인간이 정한 정답 또는 모델이 원하는 답을 뜻한다._옮긴이

챗봇과 자연어 처리(NLP)

봇이 인공지능을 사용하는 가장 중요한 방식 중 하나는 인간의 언어 또는 컴퓨터공학에서 '자연어'라고 알려진 것을 이해하고 만들어내는 것이다. 자연어를 사용하는 인간과 상호작용하는 봇은 챗봇인데, 여기에 대해서는 이전 장에서 자세하게 논의한 바 있다.

자세히 살펴보면 챗봇은 인간과 대화하기 위해 다양한 접근법을 취할 수 있으며, 이전 장에서 살펴본 것처럼 모든 챗봇이 인공지능을 사용하는 것은 아니다. 비인공지능 봇이 사용하는 기술은 대화 입력을 처리하기 위해 신중하게 규정된 규칙에 의존하는 규칙 기반이거나, 아니면 봇이 특정 표현에 대응하는 방법을 미리 만들어놓은 예제들을 저장한 방대한 양의 데이터('언어 말뭉치'로 알려진)를 사용하는 말뭉치(컴퓨터용 말뭉치) 기반이다(Jurafsky and Martin, 2018). 우리가 이미 만난 두 개의 봇, 일라이자와 유진 구스트만은 둘 다 인간의 대화를 시뮬레이션하기 위해 사전 정의되고 규칙 기반인 휴리스틱heuristic*의 접근 방식을 사용했다.

인공지능이 아닌 챗봇

인공지능이 아닌 챗봇은 대부분 규칙 기반 기술을 사용한다. 가장

---

* 직관이나 직감에 따라 어림짐작으로 판단을 내리는 것_옮긴이

기본적인 챗봇은 인간들과의 대화를 시뮬레이션하기 위해 패턴 매칭, 키워드, 미리 준비된 문구를 사용한다. 이와 같은 봇은 일반적으로 고객 서비스처럼 봇이 매우 적은 대화 모듬과 접할 가능성이 있는 지극히 좁고 제한된 맥락에서 사용된다.

가장 기본적인 수준에서 챗봇은 사용자 입력에 관계없이 미리 설정되어 있는 문장을 단순히 내뱉는다. 이와 같은 봇은 @everyword 봇 같은 것으로, 사전에 나오는 모든 영어 단어를 트윗하지만 트위터에서 다른 사용자와 상호작용하지는 않는다(Dubbin, 2013). 가장 원시적인 이 유형의 다음 단계는 기본적인 입력 처리 기능을 지닌 챗봇이다. 이 챗봇은 사용자 입력에서 키워드와 패턴을 검색하고 각 키워드에 대해 사전 설정된 응답으로 대답한다. 무엇을 도와줄 수 있는지 묻지만 지원이 필요한 제품의 명칭을 언급할 때까지 기다리다가 제품을 언급하면 그제야 그 제품의 웹페이지로 안내하는 고객 서비스 봇을 생각해 보라. 그 봇은 당신이 찾고 있는 특정 제품의 명칭을 언급하지 않으면 대화에서 무엇을 말해야 할지 모르기 때문에 하루를 온통 허비할 수도 있다.

약간 더 진전된 형태의 챗봇은 입력 처리를 메모리와 결합한다. 일라이자는 이러한 챗봇 범주의 기준이 되는 예이다. 더 단순한 챗봇과 마찬가지로, 일라이자는 패턴 매칭, 키워드, 스스로 만들어낸 대화의 좁은 맥락 내에서 설정된 문구를 이용해 대화를 시뮬레이션한다. 하지만 인간 대화의 시뮬레이션을 개선한 일라이자의 더욱 혁신적인 기능 중 하나는 이전 대화의 요소를 기억하고 그것에 대해 질문하는 능력이었다(Jurafsky and Martin, 2020). 앞에서 배웠듯이, 일라이자는 대답을 갖고 있지 않은 예상치 못한 문장과 마주칠 때면 전략적으로 주제를 바꿨다. 이런 일이 일어날 때 일라이자는 이전 대화에서 나왔던 주제로 전환했다. 이것은 봇에게 너무 진전된 대화로 방향을 전환하는 것을 피하는 동시에 봇을 주의 깊은 청취자처럼 보이게 하는 미묘한 방법이었다. 일라이자는 대화 상대방을 놀라게 하고 '일라이자 효과'라는 용어를 고취시킬 정도로 충분히 영향력이 있었지만 진정한 의미에서 인공지능을 사용했다고 말할 수는 없다. 하지만 수십 년 동안 일라이자는 현존하는 가장 인상적인 챗봇이었으며, 일라이자의 기본적인 접근 방식은 많은 중요한 봇 후계자에게 모델이었다. 그러한 예로는 1980년대와 1990년대 온라인 게임의 MUD 봇, A.L.I.C.E(튜링 테스트를 세 번 통과해서 뢰브너 상을 수상한 자연어 채터봇), 앨버트 원Albert One(뢰브너 상을 두 번 수상했으며 자연어 처리를 사용하는 또 다른 채터봇) 등을 들 수 있다 (Deryugina, 2020).

말뭉치 기반의 챗봇과 퍼지 논리

지난 20년 동안 데이터 저장이 쉽고 저렴해지고 계산 능력이 증가함에 따라 컴퓨터로서는 비용이 더 많이 드는 통계적 패턴 매칭 기술이 등장했다. 이 봇은 방대한 언어 데이터 저장소(언어 말뭉치)에서 패턴을 수집했다. 이러한 통계 기술로 성능을 발전시킨 최초의 챗봇 중 하나는 롤로 카펜터Rollo Carpenter의 클레버봇Cleverbot이었다. 다른 일라이자 스타일의 봇처럼 클레버봇은 키워드 인식, 패턴 매칭을 사용하면서 대화의 문맥을 기억한다. 하지만 대화의 성능을 향상시키기 위해 실시간으로 참조하는 추가적인 대화 데이터베이스를 가지고 있다. 클레버 봇은 1997년 온라인에 등장한 이후 개방형 웹 인터페이스를 통해 사람들과 수천만 건의 대화를 나누었다. 클레버봇은 이러한 대화에서 나눈 말들을 데이터베이스에 저장하고 향후 대화를 위한 참고자료로 사용한다(Exitor, 2014; Wolchiover, 2011).

클레버봇 기능의 핵심에는 퍼지 매칭이라고 알려진 기술이 있다. 퍼지 매칭은 인간 언어의 모호함과 불확실성을 처리하기 위해 컴퓨터가 사용하는 전략인 '퍼지 논리fuzzy logic'의 한 형태이다(Alpaydin, 2016: 51; Jadeh, 1965). 클레버봇은 응답하도록 프로그래밍된 키워드나 패턴과 일치하지 않는 표현을 만날 경우 이전 대화에서 1억 7000만 줄 이상의 언어 데이터베이스를 훑은 뒤 자신이 이전에 제공했거나 사람들이 입력했던 과거 응답을 기반으로 가장 자연스러워 보이는 답변을 찾는다. '퍼지'라는 용어는 클레버봇이 최선의 응답을 결정하기 위해 대략적인 매칭을 사용한다는 사실에서 비롯된 것이다. 이런 접근 방식이 항상 적절한 답을 만드는 것은 아니지만, 이것은 컴퓨터에게 전혀 대답하지 않거나 명확하게 부적절한 응답으로 대답하는 것보다는 인간의 대화를 시뮬레이션하는 데 더 좋은 해결책을 제시한다.

인공지능 기반 챗봇

하지만 휴리스틱과 패턴 매칭은 지금까지 봇만 사용할 수 있었다.

가장 인상적인 최근의 챗봇은 인공지능 기술을 통합하는 경향이 있다. 인공지능 기반의 챗봇은 대화 성능을 향상시키기 위해 인공지능 기술 외에도 규칙 기반 기술과 말뭉치 기반 기술 모두를 사용할 수 있으며, 종종 그렇게 한다.

이러한 챗봇은 또한 응답의 정확성과 적절성을 향상시키기 위해 다양한 통계 기술을 사용한다. 우리도 알고 있듯이, 연관성과 패턴을 학습하기 위해 데이터를 발굴할 수 있으며, 컴퓨터가 학습할 수 있는 데이터가 많을수록 목표 과제를 더 잘 수행할 수 있다. 확률 기술(예를 들면, 베이즈 방법Bayesian method 및 마르코프 체인Markov Chain 같은)을 이용해 데이터를 분석하면 인공지능과 자연어 처리 앱이 자연어를 더 잘 이해하게 만드는 데 도움이 된다. 특히 인간의 언어를 분석할 때 발생하는 모호성과 불확실성을 처리하는 데 도움이 된다. 오늘날 가장 발전된 형태의 많은 챗봇은 단어 연상을 학습하기 위해 온라인상의 방대한 언어 데이터를 분석한다. 이들 봇은 마르코프 체인이라는 통계 방식을 사용하는데, 우리가 1장에서 배웠듯이, 이는 1990년대에 실질적인 게시물을 생성하기 위해 가장 인상적인 유즈넷 봇 중 하나가 사용했던 기술이다. 이러한 통계 분석 봇은 이전에 수집된 언어의 예를 근거로 어떤 단어가 다른 단어 뒤에 나올지를 계산함으로써 작동한다. 이러한 프로그램이 더 많은 데이터에 의존할수록 언어가 더 자연스럽고 인간답게 될 것이다. 이러한 기술은 현 세대에서 가장 인상적인 챗봇의 기초가 되고 있다.

대화형 인터페이스와 인공지능 비서 챗봇

오늘날 가장 많이 이용되는 유형의 챗봇 중 하나는 대화형 인공지능 비서이다. 이러한 챗봇은 지난 5년 사이 일상화되어 이 책을 읽는 거의 모든 사람은 애플의 시리, 아마존의 알렉사, 마이크로소프트의 코르타나 그리고 구글홈을 인지하고 있을 것이다. 중국 기술 회사들도 중국 시장을 위해 이와 유사한 형태의 인터넷 비서를 갖춘 스마트 스피커를 만들었다(Prist, 2019).

이러한 시스템은 일반적으로 사용자로부터 음성 입력을 수신하는 대화형 사용자 인터페이스conversational user interface(CUI)를 사용하는데, 이것은 인공지능에 의존하는 핵심 기능이다. 컴퓨터는 일반적으로 문장을 분석하고 그 의미를 이해하려고 시도하기 전에 ASR(Automatic Speech Recognition, 자동음성인식)이라는 머신 러닝기술을 사용해 음성 입력을 텍스트로 변환한다.

대화형 인공지능 비서는 현재로서는 개방형 대화를 할 수 없다. 봇이 인간 언어를 처리하기 위해서는 단어의 뜻과 단어 간의 관계를 이해할 수 있도록 실제 세상 지식을 습득해야 한다. 예를 들어 어떤 사람이 "유리 테이블 위에 쇠구슬이 떨어져 그것이 깨졌다"라는 문장을 들으면 그는 즉시 '그것'이 유리 테이블을 가리킨다는 것을 이해한다. 이것은 유리가 쇠보다 깨지기 쉽다는 것을 알고 있는 인간에게는 자명한 일이다(Hall, 2019). 컴퓨터가 '그것'이 무엇을 가리키는지 알기 위해서는 이와 똑같은 연결을 만들어야 한다. 즉, 컴퓨터는 세상 물질에 대한 경험이 없으므로 인공지능 설계자는 기계에 언어를 처리하는 데 필요한 기본적인 실제 세상 지식을 가르치는 지식 표현Knowledge representation의 형태를 사용해 시스템에 의미를 심어야 한다. 이를 위해 일반적으로 지식 그래프를 이용하는데, 이 지식 그래프는 세상에 있는 사물과 사물 간의 관계에 대한 정보를 인코딩하는 기계가 판독할 수 있는 네트워크이다.

분명히 세상에 있는 모든 것과 그들 사이의 관계를 도식화하는 것은 불가능하다. 그럼에도 불구하고 구글의 지식 그래프Knowledge Graph는 이러한 작업을 목표로 50억 개의 개체에 대한 5000억 개 이상의 사실을 도식화했다. 하지만 당분간은 인공지능이 명령을 적절하게 이해하고 인간을 돕기 위해 수행해야 하는 추론의 종류를 제한해 구체적인 영역에 대한 더 작은 규모의 설명을 구축하는 것이 훨씬 더 타당하다 (Sullivan, 2020). 따라서 현대 인공지능 비서의 지식 표현은 과제 기반인 경향이 있다. 지식 표현은 음악을 틀 수도 있고, 집 안의 조명이나 온도를 조절할 수도 있고, 웹에서의 정보 검색을 도울 수도 있다. 왜냐하면 이러한 각각의 구체적인 과제는 사용자의 지시사항을 수행하기 위해 과제별 의미만 포함된 소수의 키워드와의 관계만 필요로 하는 작은 영역에 속하기 때문이다.

인공지능 비서가 작업에 의존하는 기술의 많은 것은 비교적 최근에 개발되었지만(예를 들면, 클라우드 컴퓨팅, ASR 알고리즘 같은), 말로 된 문장의 의미를 분석하는 데 사용하는 지식 표현 프레임워크는 1970년대 말부터 시작되었다. 1977년 GUS* 프레임워크는 의미론적 프레임frame semantics을 사용해서 작동하고 주어진 과제의 의미를 설명하는 상대적으로 단순한 방식이다(Bobrow et al., 1977). 기본적으로 GUS는 해당 과제를 수행하는 데 필요한 소수의 의미 단위로 과제를 쪼갠다. 이러한 단위를 슬롯slot이라고 하며, 컴퓨터가 이 슬롯을 채우면 사용자 대신 과제를 수행할 수 있다. 예를 들어, 항공기를 예약하려고 하면 컴퓨터가 출발 도시, 목적지, 원하는 여행 날짜를 알아야 할 것이다. 미리 정해져 있는 질문은 모두 이런 의미론적 슬롯을 채우는 데 사용된다. 모든 슬롯이 채워지면 비서는 작업을 수행할 수 있다.

이러한 프레임 기반의 하부구조는 오늘날 거의 모든 인기 있는 인공지능 비서의 기저를 이루고 있다. 주어진 과제와 관련 있는 프레임을 만드는 과정은 도메인 온톨로지Domain Ontology 구축이라고 한다. 본질적으로 이것은 비행기를 예약하는 것 같은 작업을 수행하기 위해 컴퓨터에게 필요한 명사와 관계를 규정하는 지식 표현의 형태이다(Jurafsky and Martin, 2020). 대화형 인공지능 비서는 상대적으로 개발 초기 단계이다. 이러한 인공지능 비서의 사용자들이 모두 알고 있듯이, 인공지능 비서에게는 아직 인간 언어에 대한 이해가 지극히 제한되어 있다.

개방형 도메인 챗봇

위에서 논의한 대화형 인공지능 비서는 아주 제한된 대화 영역에서

---

* Genial Understand System의 약자로, 간단하고 관례적인 기본 질의응답용 시스템을 뜻한다._옮긴이

만 작동할 수 있기 때문에 폐쇄형 도메인closed-domain 챗봇이라고 부른다. 챗봇의 성배는 특정 과제 영역에만 국한되지 않고 인간 수준의 다양한 대화가 가능한 개방형 도메인open-domain 봇이다. 인간의 대화는 구조화되지 않고 주제와 주제를 이동할 수 있으며 다양한 시간 동안 지속된다. 최근 수십억 개의 단어로 텍스트 기반 챗봇을 훈련시키는 데이터 기반 기술은 이러한 목표에 한 걸음 더 가까워졌다(Jurafsky and Martin, 2020; Serban et al., 2017). 예를 들어, 온라인 소셜 미디어 대화에서 341GB의 텍스트로 훈련된 구글의 미나Meena 봇은 이런 엄청난 양의 데이터로 훈련된 최초의 텍스트 기반 챗봇의 하나로, 인상적인 성과를 보여주었다(Adiwardana et al., 2020; Adiwardana and Luong, 2020). 거대한 말뭉치로 훈련된 가장 인상적인 챗봇은 아마도 GPTGenerative Pretrained Transformer 챗봇일 것이다. 이 글을 쓰는 시점에 GPT-3는 GPT 시리즈의 3세대이자 최신 챗봇이다. GPT-3는 미나를 포함해 이전 챗봇보다 훨씬 더 많은 약 45TB의 엄청난 양의 텍스트 데이터로 훈련되었고, 지도 및 비지도 머신 러닝 기술을 모두 이용해 문장을 인간처럼 구성하는 방식을 학습했다(Brown et al., 2020). GPT-3는 주어진 것을 효과적으로 모방하는 데 적은 수의 예제만 필요로 한다. 예를 들어 GPT에게 시를 한 수 주면 GPT는 제공된 예제의 스타일을 흉내 낸 시를 뱉어낼 것이다. 사용자가 GPT-3가 제공하는 소수의 예제를 통해 모방하기 원하는 톤과 레지스터를 정하면, 봇이 유사한 콘텐츠를 만들기 시작한다. 2020년에 봇은 설득력 있는 뉴스 기사, 블로그 게시물, 심지어 컴퓨터 암호까지 만들어냈다(GPT-3, 2020; Metz, 2020; *Economist*,

2020). 현재 GPT-3는 챗봇의 최신형이며, 인간의 대화를 효과적으로 모방할 수 있는 개방형 도메인 챗봇을 향한 중요한 진전이다.

결론

지금까지 살펴본 바와 같이, 인공지능은 봇이 할 수 있는 영역, 특히 자연어 처리와 봇 탐지 분야를 변혁하는 데 도움을 주고 있다. 여전히 실행되지 않은 일이 많이 남아 있고 많은 질문이 지평선에 있다. 4장의 테이의 사례에서 보았듯이, 인공지능 시스템에 대한 인간의 입력은 기술적·사회적 실패를 낳을 수도 있다. 중요한 것은, 이러한 입력을 봇 설계자만 제공하는 것 — 봇 설계자가 자신이 배포하는 봇을 뒷받침하는 코드를 작성할 때 — 이 아니라 봇 사용자도 제공한다는 것 — 사용자가 자신이 학습하는 인공지능 봇과 상호작용할 때 — 이다. 봇과 인공지능의 미래는 여전히 불투명하지만 봇 진화의 새로운 단계에 박차를 가할 수 있는 몇 가지 중요한 영역이 있다. 우리는 마지막 장인 봇의 미래에서 이러한 영역과 이것이 제기하는 매우 중요한 윤리적 문제에 대해 깊이 있게 논의할 것이다.

06 봇 이론화하기

2015년 초 경찰이 제프리 반 더 구트Jeffry Van der Goot의 집 문을 두드렸다. 경찰은 제프리 ― 여성도 아니고 남성도 아니고 '그들'이라는 대명사를 사용한 ― 에게 제프리 명의의 계정이 트위터에서 살인 협박을 가해서 조사 중이라고 말했다(Hern, 2015). @jeffrybooks라는 계정은 트위터에 "나는 정말 사람을 죽이고 싶다"라는 메시지를 트윗하고 암스테르담에서 곧 열리는 패션 컨벤션을 언급했다. 경찰은 이 일에 관심을 가졌다. 이것은 그 행사에 참가하는 사람들을 목표로 한 믿을 만한 협박일까? 반 더 구트는 뭔가를 꾸미고 있었을까?

반 더 구트는 범죄나 폭력 의사가 없었을 뿐만 아니라 트윗을 쓰지도 않았다. 문제의 계정은 제프리가 만든 봇이 운영하고 있었다. 제프_이북스Jeff_ebooks라는 이름을 가진 봇은 무작위로 문장과 구절을 만들어 공유하도록 설계되었다(Hill, 2015). 이 봇은 사전 프로그래밍된 특정 텍스트 모음으로부터 무작위로 텍스트를 뽑아 현실적인 것처럼 여겨지는 게시물을 만드는 데 이용되는 기본 알고리즘인 마르코프 체인 발생 장치로 구동되었다. 이 경우 제프리 자신의 (사람이 운용하는) 개인 트위터 계정에서 무작위로 단어를 이어붙이는 것으로 설정되었다. 제프리가 봇을 풀어놓자 봇은 곤경에 빠졌다. 설상가상으로 제프_이북스는 다른 트위터 봇 계정과 대화를 나누는 중에 살인 위협까지 가했다. 그 둘은 결국 제프_이북스가 살인 트윗을 날릴 때까지 왔다 갔다 했다. 봇 대 봇의 폭력이었다.

경찰에 따르면, 제프리는 그 트윗 계정의 행위에 책임이 있었으나 결국 단순히 제프리에게 계정을 삭제하도록 명령했다. 이 상황은 제프리를 불안하게 만들었다. 그들은 "형사들에게 조사받는 것은 엄청나게 힘들고 무섭고 위협적인 일이다"라고 ≪가디언≫에 말했다(Hern, 2015). 반 더 구트가 사과했지만 그는 자신이 비난받아야 하는지 정말 모르겠다고 분명히 말했다. 봇은 조리 있는 문장을 만들기 위해 단어들을 무작위로 조합한다. 그렇다. 제프리가 봇을 시작했지만 봇이 그런 짓을 하리라고는 생각하지 않았다. 그리고 제프리의 코드는 실제로는 또 다른 사용자인 Wxcafe의 코드를 기반으로 하고 있었는데, 그 또한 공식 사과를 하면서 일어난 일에 놀라움을 표했다. 따라서 책임이나 유책성의 문제는 복잡했다. 봇은 출시된 후 소셜 미디어 플랫폼에서 독립적으로 운영되었으며, 만든 사람이 기대하지 않았던 방식으로 작동했다.

제프_이북스의 흥미로운 사례는 예측할 수 없는 행동에 관여하는 많은 봇 가운데 하나의 예이다. 스위스에서도 유사한 사건이 봇이 주도하는 미술 전시회와 함께 일어났다. 랜덤 다크넷 쇼퍼Random Darknet

Shopper라는 이름의 이 봇은 비트코인을 사용해서 다크 웹Dark Web*에서 차익거래 구매를 하기 위해 만들어졌다. 스위스 경찰은 엑스타시 마약과 여러 불법 제품을 구매하는 봇을 적발했다(Kasperkevic, 2015). 물론 그 봇은 물건을 구매하면서 인터넷의 이 그늘진 구석을 '탐색하려고' 만들어졌다. 다크 웹은 대부분의 활동이 어떤 식으로든 불법이기 때문에 숨겨져 있다. 그러나 제프_이북스와 랜덤 다크넷 쇼퍼는 온라인 삶에서 봇이 수행하는 복잡한 역할과 관련된 중요한 질문을 제기한다.

제프_이북스와 랜덤 다크넷 쇼퍼의 행위에 대한 책임은 누구에게 있는가? 이 질문은 봇을 만드는 사람과 봇을 이용하거나 접하는 사람 모두에게 사회적 관계를 맺는 참가자로서의 봇에 대한 다른 질문을 제기한다. 이전 장에서 여러 번 논의했듯이, 봇은 만든 사람의 가치관을 반영한다. 그렇다면 봇은 어떻게 예상치 않거나 기대하지 않은 행위를 할 수 있을까? 이런 이야기는 더 넓게는 소셜 미디어 안팎의 웹에서 봇이 수행하는 사회문화적 역할에 대해 생각해 보도록 한다. 봇은 정의상 자율적인 객체이지만, 사회성을 추구할 수도 있다. 봇은 머신 러닝을 통해 넓은 온라인 세상에서 정보를 발견해서 사용하도록 코딩되어 있기 때문에 우리 인간의 사회적 규범, 규칙, 또는 관계에 영향을 미칠 수도 있다. 그러나 프로그램 언어들로 구성된 봇이 어떻게 인간 문화

* 일반적인 인터넷 브라우저가 아닌 특수한 웹 브라우저로만 접속할 수 있는 암호화된 인터넷망으로, '인터넷 지하세계'라 불린다._옮긴이

를 바꿀 수 있을까?

이 장에서는 이러한 질문을 살피고 우리 세계에서의 봇의 역할에 대해 이야기하는 학문적 이론 — 즉, 우리가 봇의 철학이라고 생각할 수 있는 것 — 을 개관한다. 이 논의는 봇을 둘러싼 최근의 논쟁에 대해 피상적으로나마 이해를 구하는 사회학과 인문학 학자들을 대상으로 한다. 이 책과 마찬가지로, 이 장은 여기서 개괄하는 문헌을 철저하게 탐구한 것은 아니다. 사실상 아래에 제시된 이론들 중 어느 하나를 연구하고 진전시키는 데에도 전 생애를 바칠 수 있다. 여기서는 접근 가능한 봇 이론에 대해 짧게 설명하고 있으므로 특정 포인트에 관심이 있는 사람은 더 깊이 들어갈 것을 권장한다. 우리는 이 책의 가장 중요한 주장인 "봇은 널리 퍼져 있으며 디지털에 의존하는 현대 세계의 기능에 매우 중요하다"라는 설명의 기초를 닦으려고 한다. 이 점을 염두에 두고 이러한 자율적 도구를 이론적으로 살펴봄으로써 다음 질문을 해결하는 것이 매우 중요하다. 어떤 생각과 원리가 봇에 대한 우리의 이해를 이끌어주어야 하는가?

이 장에 나오는 이론의 일부는 봇의 '삶'을 고려한다. 다른 이론은 봇이 각각의 문화적, 전문적, 또는 정치적 집단을 천 조각 벽걸이처럼 함께 묶어냄으로써 봇의 사회적 또는 시민적 잠재력을 실현시킬 수 있도록 연결하는 데 활용할 수 있는 독특한 연결력을 갖고 있다고 제안한다. 또 다른 일부 이론은 봇의 가상의 모습과 지능을 다룬다. 이들 이론은 세련된 인공지능 또는 머신 러닝의 힘으로 구동되는 봇은 어떤 때는 '지능적인' 행위자로 작동하는 것처럼 보이지만 다른 때에는 단순히 절차적이거나 천편일률적인 것처럼 보이기도 한다고 말한다. 이러한 역할을 어떻게 조화시킬 수 있을까? 한편, 타이나 버처Taina Bucher(Bucher, 2014)를 비롯한 학자들은 인간과 자동화된 기계가 상호작용하는 방식의 복잡성뿐만 아니라 소셜 미디어 봇이 사람들과 준사회적para-social 관계를 통해 '페르소나(정체성)'라는 개념을 복잡하게 만드는 방식도 탐구한다(Guzman and Lewis, 2020).

관련 연구를 조명하기 위해 우리는 우선 과학과 기술 연구, 미디어 연구, 정보과학, 커뮤니케이션, 사회학에 접근해서 비인간 행위자와 기술에 의해 수행되는 사회적·정보적·커뮤니케이션적 역할을 광범위하게 살펴본다. 여기서 우리는 루시 슈만Lucy Suchman의 특정 상황에서의 행위에 대한 개념(Suchman, 2006), 라투르와 그의 동료들의 행위자 네트워크 이론에 대한 연구(Latour et al., 2007), 보니 나르디Bonnie Nardi의 활동 이론에 대한 연구(Nardi, 1995)에 초점을 맞춘다. 이러한 이론의 일반적인 전제를 자세히 다루면서 이들 이론이 봇에 어떻게 적용되는지 논의한다. 우리는 지나 네프Gina Neff와 페테르 너지Péter Nagy의 봇과 인간의 공생 개념(Neff and Nagy, 2016), 더글러스 길버트Douglas Guilbeault의 봇 생태계 개관(Guilbeault, 2016), 새뮤얼 울리Samuel Woolley의 조작된 합의 개념(Woolley, 2018)을 포함한 소셜 미디어 봇과 인간 사이의 상호작용에 특히 초점을 둔 현대 이론들 또한 논의한다. 우리는 또한 봇이 자신을 만든 사람의 대리인 — 자신을 만든 사람과 관련은 있으나 별개이며, 많은 경우 온라인에서 외부 세계로부터의 입력에 개방되어 있는 — 으로 어떻게 작동하는지에 대해서도 조사한다(Woolley, Shorey and

Howard, 2018).

다음으로 봇의 인프라 역할에 대한 이론으로 옮겨가는데, 기술적 인프라로서의 역할뿐만 아니라 사회적 인프라로서의 역할까지 살펴본다. 인간과 자동화된 온라인 행위자 간의 관계에 대해 앞에서 설명한 개념화를 기반으로, 우리는 봇이 사회적 발판 또는 공적 인공물의 역할을 할 수 있는 방법, 즉 커뮤니티 연결 및 민주적 참여에 도움을 주거나 해를 끼치는 데 사용될 수 있는 방법에 대해 논의한다. 그런 다음 무형의 온라인 조직자와 노동자로서 봇이 수행하는 기술적 역할에 대한 이론을 탐구한다. 이러한 이론에는 위키피디아 봇에 대한 가이거의 논문(Geiger, 2014; 2018), 헵의 '상호작용' 봇에 대한 논의(Hepp, 2020), 리카르도 펀잘란Ricardo Punzalan의 기록 보관 봇 분석(Punzalan, 2017)이 있다. 우리는 봇 연구의 이론적 측면에 대한 다음과 같은 논의로 끝을 맺는다. 이 연구 분야는 어디로 가는 것처럼 보이는가, 그리고 어디에서 더 많은 일을 해야 하는가?

인간-컴퓨터 상호작용과 인간-기계 커뮤니케이션의 이론화

봇의 사회 문화적 역할을 고려하려면 먼저 다음과 같은 더 넓은 질문을 해야 한다. 인간이 아닌 '사물', '도구', 또는 '인공물'이 어떻게 사회에 의미 있게 참여할 수 있는가? 지각이 없고 생명이 없는 것이 사회적 또는 문화적 변화를 만들어낸다고 말할 수 있는가, 아니면 그것은 자신이 설계된 대로 또는 미리 프로그래밍된 대로(봇의 경우 문자 그대로) 단순히 일을 수행하는 것인가? '사물'이 실제로 사회적 변화에 영향을 미칠 수 있다면 우리는 그것이 어떻게 그렇게 하는지 그려봐야 한다. 그리고 실제로 얼마나 많은 영향이 그것의 인간 창조자로부터 비롯되었는지 고려해야 한다. 이것은 제프_이북스와 랜덤 다크넷 쇼퍼의 프로그래머들을 괴롭혔던 문제이다. 다시 말해, 봇이 진정한 사회적 행위자인지 알기 위해서는 먼저 봇이 힘과 대리권을 갖는지 여부를 결정해야 한다.

이러한 질문은 과학적인 것(디지털 하드웨어와 소프트웨어)과 사회적인 것(기술을 설계한 인간과 이러한 장치가 작동하는 사회적 세계) 간의 관계를 다루기 때문에 필연적으로 학제적이다. 따라서 컴퓨터와 정보과학, 인류학, 사회학, 그리고 사회과학과 인문학의 여러 분야는 이런 질문에 답하는 데 공헌했다. 이제 이런 답을 찾는 전체 분야와 하위 분야가 있다. 과학과 기술 연구 분야(과학-기술-사회학, 이하 STS), 인간-컴퓨터 상호작용(HCI), 그리고 하위 분야인 인간-기계 커뮤니케이션(HMC)이다.

문헌 개요

위너는 기술 가공물의 정치학에 대한 초기 논의를 제공한다(Winner, 1980). 그는 그러한 도구가 실제로 권한을 유지하고 통제를 행사한다고 주장한다. 그러한 도구는 차별하고 영향력을 미치고 지시할 수 있다는 말이다. 프리스와 그의 동료들은 역학 관계를 포함해 인간-컴퓨터 상호작용에 대한 전반적인 설명을 제시하고, 인간과 디지털 세계 간의 교류를 이해하는 출발점을 제공한다(Preece et al., 1994). 그러나 인간과 컴퓨터 간 상호작용의 결과는 종종 복잡하고 예측하기 어렵다. 벤 슈나이더만Ben Shneiderman과 카트린 플레상Catherine Plaisant는 새로운 기술 설계 또는 소프트웨어가 예측하지 못한 사회적·개인적 결과물을 만들어낼 수 있다고 주장한다(Schneiderman and Plaisant, 2009: 423~434).

슈만은 이처럼 예측하지 못한 결과가 어떻게 가능한지 설명한다(Suchman, 2006). 그는 봇 제작자가 객체를 구성할 때에는 모든 가능한 결과에 대해 계획할 수 없으며 계획하지도 않는다고 주장한다. 기술자들의 행위는 맥락이 있고 종종 즉흥적으로 상황에 따르는데, 이러한 행위는 장소와 공간에 대한 본인의 기억, 암묵적인 지식, 상황 인식 및 경험을 기반으로 하는 신념에 근거를 둔, 검증되지 않은 가정에 기초한다. 기술자들이 만들어내는 도구(슈만에 따르면 특히 디지털 도구나 자동화 도구)는 세상에 대한 이러한 숨겨진 가정을 전면에 내세운다. 예를 들어 어느 기술자가 혐오발언의 대상이 아니라면 그는 미리 선택되지 않은 대규모 텍스트 말뭉치에서 꺼내지만 특정 단어나 구절은 피하도록 사전 프로그래밍되지 않은 챗봇을 만들 수 있다. 테이 또는 제프리_이북스처럼 이런 봇은 프로그래머의 세계에 대한 다소 편협하며 순진한 경험을 반영하며, 결국 문제가 있거나 상처를 주거나 해로운 말을 하게 될 수 있다(실제로 거의 분명히 그럴 것이다).

따라서 계획은 필연적으로 불완전하므로 변경 가능해야 한다. 우리는 항상 개입해서 컴퓨터 시스템, 특히 인공지능 시스템의 일탈 행위를 수정할 준비가 되어 있어야 한다. 이 말은 사려 깊은 디지털 기술을 구축하고 출시하는 것은 예측과 계획의 과정일 뿐만 아니라 관심, 유지, 그리고 관리의 과정이기도 하다는 것을 뜻한다. 폴 도리시Paul Dourish는 이러한 특약된 기술과 설계의 과정을 "구현된 상호작용"이라고 부르면서 이것이 우리의 운영 방식이 되어야 한다고 주장한다(Dourish, 2004). 즉, 기술이 보편적이고 관념적이며 완전히 합리적이라는 생각을 갖기보다는 기술을 수정하는 데 겸손하고 개방적이어야 한다는 것이다.

이러한 전제는 인간-컴퓨터 상호작용과 인간-기계 커뮤니케이션의 다른 이론화를 위한 무대를 마련하고 있다. 이러한 전제는 다음과 같은 새로운 질문을 제기했다. 디지털 도구에 정치가 있다면, 그리고 디지털 도구와 우리의 관계가 계획된 행동만큼이나 깜짝쇼에 의해 지배당한다면, 더 넓은 세상에서 — 즉, 소셜 네트워크에서, 문화적 틀에서, 그리고 더 간단하게는 웹상의 알 수 없는 코드와 사람들과의 상호작용에서 — 이러한 '사물'이 어떻게 행동하고 반응해야 하는지에 대한 구체적인 기준이 무엇인가? 나르디는 활동 이론Activity Theory이라는 해법을 제시하는데(Nardi, 1995), 이는 20세기 초 소비에트 심리학 연구에서 성장한 '관행'을 이해하기 위한 일련의 원리 모음이다. 그녀는 과학적 객관성과 실증주의 순결성 — 과학적 또는 기술적 결과물을 그들이 만들어낸 계획의 맥락 안에서 맥락화하는 문제 — 에 대한 학문적 선입견 앞에서 "맥락, 상황, 관행을 이해하고 묘사하기 위해 애쓰는"(Nardi, 1995: 4) STS 및

HCI 학자들을 위한 해결책으로 활동 이론을 제시한다. 연구자들은 인간-기계의 관계가 기계적이거나 미리 계획된 것이 아니라 상황에 따른 것이라는 사실을 받아들이기 시작했지만, 나르디의 활동 이론은 여기서 더 나아간다. 이 이론은 순간적인 반응으로 해석될 수도 있는 사물에 대한 모든 이론의 기본 개념과 용어를 내놓고 있다. 그녀는 이 이론을 사용해 HCI가 엄격한 과학과 참여적 설계 양쪽으로부터 혜택을 볼 수 있다고 제안한다. 후자는 사회적으로 책임 있는 과학science, 기술technology, 공학engineering, 그리고 수학mathematic(STEM) 연구에 우선권을 부여한다(Nardi, 1995: 7). 한편 인간과 기계 간 커뮤니케이션을 연구하는 학자들은 커뮤니케이션과 미디어 연구 분야에 대해 비슷한 질문을 해왔다(Oberquelle et al., 1983). 그들은 봇을 포함한 다양한 디지털 기술이 지닌 정보 확산 능력의 복잡성을 인간 및 반(半)인간 행위자와 함께 그리고 이들을 비교하면서 탐색한다(Guzman, 2018).

미셸 칼롱Michel Callon(Callon, 1986), 마들렌 아크리히Madeleine Akrich (Akrich, 1987), 존 로John Law와 존 하사드John Hassard(Law and Hassard, 1999), 라투르(Latour, 2007) 등은 도구, 기술 그리고 '사물'을 네트워크로 탐구함으로써 이들이 어떻게 사람과 함께 작동하는지에 대한 아이디어를 확장시켰다. 그들은 이런 개념화를 행위자 네트워크 이론Actor Network Theory(ANT)이라고 불렀다. '네트워크'에 대한 그들의 개념은 집단 또는 개개의 '행위자'가 작동하는 상호 연결된 커뮤니티 또는 시스템을 말한다. 네트워크는 디지털 생태계의 컴퓨터에서부터 자연계의 식물과 동물에 이르기까지 개인과 아이템 간의 관계로 정의된다. 로는

ANT를 "사회와 자연계에 있는 모든 것을 그들이 속해 있는 관계망에서 지속적으로 만들어진 거미줄 효과로 취급하는 물질-기호적 도구, 감성, 분석 방법의 이질적인 집단"으로 규정한다(Turner, 2009). 물질(객체)과 기호(아이디어 또는 상징물) 양쪽 모두에 초점을 두는 것은 관계와 그것들이 존재하는 네트워크가 두 가지 존재(사람, 봇, 또는 개) 간의 단순한 연결 이상이며 이들 존재에 부여된 개념화를 포함한다는 것을 시사한다. 예를 들어 소설 봇, 봇의 행위를 지시하는 코드,[1] 해당 소설 봇에 대한 특정 그룹의 이해 모두가 사회적 맥락에 추가된다. 사회적 맥락은 단지 인간의 상호작용 또는 인식에 의해서만 좌우되는 것이 아니라 상호작용하는 대상 — 즉, 인간 인식의 대상 — 에 의해서도 좌우된다. 이 이론에서 가장 논란이 되는 요소 — 그리고 봇의 사회적 역할을 이론화하는 것과 가장 관련이 있는 요소 — 는 인간이 아닌 모든 유형, 특히 디지털 객체가 실제로 행위자라는 ANT의 주장이다(Latour, 2011). 모든 유형의 비인간은 네트워크 내에서 변화를 실행할 수 있고 사회성을 주도할 수 있다. 이것은 우리가 집합적인 행위를 이해하려면 모든 상호작용 — 인간과 기술적 객체 사이의 상호작용을 포함한 — 을 사물, 아이디어, 사람의 다면화된 네트워크 내에서 맥락화해야 한다는 것을 의미한다(Kono, 2013).

이런 인간-객체 관계에 대한 기초 학문의 개요가 보여주듯이, 많은 이론가들은 봇 같은 객체가 사회·문화적 세계에서 역할을 갖고 있다고 믿는다. 봇은 관계, 가치, 규범, 그리고 신념에 영향을 미치며, 그 일부이기도 하다. 랭던 위너Langdon Winner가 40년 이상 전에 지적했듯이,

인공물artifact(또는 사물/객체)은 의미와 의도를 가득 담고 있으며 복잡한 인간-기계 시스템에서 작동하는 능력과 함께 이것에 힘을 부여한다(Winner, 1980). 나르디는 그 힘이 상황에 따라 달라지고 기대하지 않은 결과를 초래할 수 있다는 것을 보여주었다. 우리는 기술과 기술적 프로세스를 객관성과 검소함이라는 실증주의적 견해를 통해 미리 정해진 것처럼 취급하기보다 이를 둘러싼 관행 또는 활동을 자세히 살펴봄으로써 기대하지 않았거나 계획되지 않았던 결과를 이해할 수 있다. 마지막으로 ANT는, 인간이 활동하는 네트워크는 온갖 종류의 객체(위너가 인공물이라고 부르는)와 아이디어 사이에 위치하며 이것들을 포함한다는 것을 보여주었다.

인간-봇 관계

기술의 복잡한 사회 문화적 영향은 인간-봇 관계에 대한 질문을 기초로 한다. 앞에서 열거한 입장에 동의하지 않는 사람에게조차 봇이 필연적으로 인간과 관계를 갖고 있다는 데에는 의문의 여지가 없다. 봇은 결국 인간에 의해 만들어지고 종종 인간의 모습으로 만들어진다. 특히 소셜 봇은 인간 소셜 미디어 사용자들의 행동을 흉내 내도록 만들어진다. 머신 러닝으로 프로그래밍된 봇은 다른 사람으로부터뿐만 아니라 다른 사람의 창조물인 그들의 봇으로부터도 배울 수 있다. 이런 학습은 봇의 기능과 '성격'이 바뀐다는 것을 의미한다. 심지어는 봇이 존재하는 전체 네트워크에 의해 클라우드 지원을 받는다고도 할 수 있다. 그러나 봇은 자신을 만든 사람 없이는 존재할 수 없다. 따라서 봇은 인간의 창조물이다. 그러나 봇은 단순히 제작자의 산물인가 아니면 제작자의 확장판인가? 봇 이론에 따르면 이 두 가지 모두 옳다. 많은 봇은 상황에 따른 행위를 보이고 일부는 봇이 작동하는 생태계로부터 학습하도록 만들어졌기 때문에 일부 학자는 봇을 자동화된 사회적 행위자 Automated Social Actor(ASA)라고 말한다.

> 주어진 ASA의 세련도 수준과 사회적 공간에서 채울 역할은 다양할 수 있다. ASA는 웹 뉴스로부터 정보를 모아 트위터에 일련의 트윗으로 내보내는 봇처럼 상대적으로 단순할 수도 있고, 튜링 테스트를 통과하려는 대화 봇처럼 아주 세련될 수도 있다.(Abokhodair et al., 2015: 840)

이런 이해에 따르면 ASA는 제작자를 대신해 '좋은' 일 또는 '나쁜' 일을 하도록 프로그래밍된 행위자일 수 있지만,[2] 궁극적으로는 인간으로서 우리가 이해하고 상호작용해야만 하는 온라인 소셜 공간의 또 다른 일부일 뿐이다.

제프리의 경험과 랜덤 다크넷 쇼퍼 봇 제작자의 경험에서 분명히 알 수 있듯이, 일부 봇은 제작자조차도 예상하지 못한 방식으로 작동할 수 있다는 슈만(Suchman, 2006), 나르디(Nardi, 1995) 등의 이론적 연구는 옳다. 이것은 어떻게 봇의 사회적 역할을 순수하게 자동화된 것 이상으로 확장하는가? '자동화'는 반복적이고 기계적인 과정을 말한다.

봇이 예상과 다르게 행동할 때 봇은 순수한 자동화 이상으로 작동하는 듯 보인다. 이런 이유로 ANT로 무장한 많은 이론가는 일부 봇이 순전히 반복하는 행위자가 아니라 복잡한 행위자로 보일 수 있다고 주장한다. 봇은 미리 프로그램화되고 자동화된 과제에 의해 반드시 제한되는 것이 아니라 자신의 고유한 버전을 변경하는 데 영향을 미칠 수 있다.

시몬 헤겔리히Simon Hegelich와 디트마르 자네츠코Dietmar Janetzko에 따르면, 소셜 봇이 만들어내는 변화는 봇의 세 가지 행위, 즉 흉내 내기, 꾸미기, 반향에 기인한다. 그들은 우크라이나의 정치 봇넷에 대한 경험적 분석을 통해 문제의 봇이 그들만의 정치적 의제를 갖도록 만들어졌다고 결론짓는다. 그 봇을 코딩한 사람들은 모방을 실행하거나 "봇의 신분을 감추도록 시도하게끔" 봇을 만든다(Hegelich and Janetzko, 2016: 582). 그러한 봇은 꾸미기 수법을 이용해 인기 있는 주제나 해시태그를 활용하면서 소셜 미디어 사용자의 관심을 끌기 위해 노력한다. 마지막으로 봇은 다른 사람의 메시지를 되풀이하거나 공유함으로써 반향을 일으킨다. 하지만 헤겔리히와 자네츠코는 봇이 자신의 인간 '봇 주인'으로부터 자율권을 갖고 있으며 봇의 행위가 "명령이라는 단순한 결정론적 구조"에 의해 단순하게 지배되지 않는다고 주장한다(Hegelich and Janetzko, 2016: 582). 헤겔리히와 자네츠코는 이러한 주장이 제기하는 더 큰 사회문화적 질문에 대해서는 답하지 않는다. 특정 사례에서 일어나는 이러한 행위는 인간-봇의 연결에 대해 무엇을 의미하는가? 이러한 행위는 봇을 만든 사람의 정치적·문화적 편견으로 가득 차 있을까 아니면 설계자의 사회적 마음가짐과는 별개일까?

네프와 너지는 이와 같은 질문에 대한 답을 찾는다(Neff and Nagy, 2016). 그들은 봇과 그 제작자(그리고 더 넓게는 소셜 봇과 그 봇들이 작동하는 더 큰 소셜 네트워크)가 공생관계를 갖고 있다고 말한다. 마이크로소프트의 실패한 머신 러닝 트위터 봇인 테이의 사례를 사용해, 그들은 소셜 봇의 행위는 신생 기술의 '상상된 행동 유도성affordance'과 연계되어 있는 '공생적 대리'를 통해 가장 잘 이해된다고 주장한다. 그들은 소셜 미디어 플랫폼의 여러 사용자가 테이와 같은 봇에게 종종 대리권과 성격을 부여한다고 지적한다. 이러한 사용자는 봇이 자율적이라고 생각하고, 따라서 봇을 의인화한다. 그러나 봇이 예상치 않은 일을 하면 사람들은 즉각 봇의 설계자 또는 봇의 행동을 '훈련'시키는 데 참여한 다른 행위자에게 비난을 돌린다. 테이의 경우, 사람들은 증오 표현을 피하도록 봇을 미리 프로그래밍하지 않은 마이크로소프트 기술자뿐만 아니라 그런 독설을 뱉도록 테이를 가르쳤던 인간 트롤을 비난했다. 그러나 네프와 너지는 테이의 대리권 — 그리고 테이의 산출물에 관여한 사람들과 테이의 연관성 — 이 그보다 더 복잡하다고 주장한다. "학자와 설계자들이 대리권에 대해 결정론적이고 분기된 사고방식에서 벗어나 기술적 발판과 인본주의적 행동으로 나누어질 수 있는 쪽으로 이동하려면 대리권과 행동 유도성에 대한 개념이 진화해야만 한다"(Neff and Nagy, 2016: 4927). 우리는 봇이 그들의 행동에 대해 상상했던 구성 바깥에서 어떻게 작동하는지 질문해야 하고, 봇 행위의 가장 명백한 출발점에만 초점을 맞출 경우 놓칠 수 있는 사회 기술적으로 정제된 다른 입력과 출력을 찾아야 한다.

울리, 서맨사 쇼리Samantha Shorey, 그리고 필 하워드Phil Howard는 이러한 질문을 집어 든다(Woolley, Shorey and Howard, 2018). 그들은 봇 제작자들과의 일련의 인터뷰를 통해 제작자들에게 사회적으로 노출된 봇의 행동을 되짚어보도록 요청한 후, 봇이 제작자들의 대리인 ― 자신을 만든 사람과 연결되어 있기도 하고 별개이기도 한 ― 이라고 결론지었다. 소셜 봇은 종종 제작자의 사회적 응어리 중 일부를 갖고 있지만, 봇의 생태계 내에서 종종 예상치 못한, 심지어 놀라운 방식으로 행동하기도 한다. 그들은 "봇은 도구 그 이상이다. 하지만 지각이 있거나 독립적으로 감정적이지는 않다"라고 주장한다. 그 대신 "봇은 자신이 작동하는 네트워크화된 컴퓨터 시스템에 반응하면서 제작자의 생각과 감정을 반영한다"(Woolley, Shorey and Howard, 2018: 59). 너지와 네프처럼, 울리와 그의 동료들은 복잡한 행위자 지향의 봇이 수행하는 역할을 지나치게 단순화해서는 안 된다고 주장한다. 결국 그들은 봇의 다양하고 독특한 행위자로서의 지위를 이해하기 위해서는 사회과학자들이 소셜 봇의 효과를 봇 제작자들의 기대와 비교해 봐야 한다고 주장한다.

봇의 행위(특히 정치 봇의 행위)는 복잡하고 종종 논란의 여지가 있기 때문에 길버트는 온라인 삶에서의 봇의 역할을 이해하기 위한 하이브리드형 윤리 이론을 개발해야 한다고 주장한다(Guilbeault, 2016). 그는 소셜 미디어가 "봇을 대리인으로 몰아간다"라고 주장한다(Guilbeault, 2016: 5004). 페이스북과 트위터 같은 플랫폼에서 드러난 온라인 생태계의 변화는 이제 봇이 수용 가능하며 따라서 다른 사용자들과 보다 효과적으로 상호작용할 수 있음을 보여준다. 길버트에 따르면 이러한 변화는 크리스타 케네디Krista Kennedy(Kennedy, 2009)와 캐럴린 밀러Carolyn Miller(Miller, 2007)의 주장을 폐기시킨다. 그들은 봇에 덜 우호적이었던 인터넷 공간과 소셜 미디어의 초기 버전에 대한 분석을 기반으로 봇의 대리인 역할을 부인한 바 있다. 길버트는 다음과 같이 제안한다.

> 봇에 대한 생태계적 접근 방식은 개입과 혁신의 대상으로 네트워크 플랫폼의 접속 기능에 초점을 맞추며, 그렇게 함으로써 봇 보안의 범위를 확장한다. […] 가장 중요한 것은 이것이 인간과 봇이 함께 움직여서 인터넷 보안의 문제점을 해결하는 하이브리드형 윤리를 열고 있다는 것이다.(Guilbeault, 2016: 5004)

여기서 길버트는 봇을 인터넷 보안의 잠재적 우군으로 규정하며, 더욱 매끄러워진 온라인 소셜 세계에서의 봇 통합과 연계된 봇의 대리권에 대한 새로운 정의를 제시한다. 소셜 미디어는 이제 봇에 의해 더 쉽게 거래되고 활용되는 형식으로 존재한다. 길버트에게 봇은 많은 소셜 네트워킹 시스템의 핵심 부분이다. 그러므로 봇은 이러한 시스템의 부정적인 조작과 싸우는 데 협조해야 한다. 따라서 길버트에게 봇은 이러한 시스템 내에 있는 의미 있는 대리인(또는 행위자)이다. 길버트는 티모시 황Timothy Hwang, 이언 피어스Ian Pearce, 그리고 맥스 내니스Max Nanis(Hwang, Pearce and Nanis, 2012)의 연구가 온라인 생태계의 변화가 온라인에서의 봇의 역할을 바꾸고 있다는 자신의 견해를 구체화한 것이라고 지적했다. 황과 그의 동료들에 따르면 "디지털화가 봇화를 주도하고 있다. 즉, 인간 활동 영역에서 기술을 활용하는 것은 인간 대신 행동하는 소프트웨어 창조를 가능하게 한다"(Hwang, Pearce and Nanis, 2012: 4). 따라서 봇의 대리권 또는 영향력은 봇을 만들고 봇과 상호작용하는 사람뿐만 아니라 봇이 작동하는 시스템과도 직접적으로 연결되어 있다.

봇은 자신이 작동하는 세계에 영향을 줄 만큼 지능적이거나 지각이 있을 필요가 있는가? 앞에서 언급한 학자들 각각은 이 질문에 대해 여러 유형의 '아니오'로 대답한다. 이 학자들은 봇이 행위자로 간주될 수 있는 것은 지능에 대한 특별한 입장 때문이 아니라 단순히 온라인 영역에서 봇이 지닌 독특한 위치성과 능력 때문이라고 말한다. 실제로 데니스 아센마허Dennis Assenmacher와 그의 동료들은 봇이 일반적으로 사람들이 생각하는 것만큼 '똑똑하지' 않다고 주장한다(Assenmacher et al., 2020). 글로벌 정치 커뮤니케이션에서 봇이 수행하는 역할에 대한 최근의 보고서에 따르면, 온라인에서 작동하는 대부분의 봇은 인공적인 지능과는 거리가 멀며, 실제로는 지원 역할만 한다. 봇은 인터넷을 지능적으로 탐색하도록 설계되기보다 '자동화 모듈'을 제공하도록 설계되었다. 크리스티안 그림Christian Grimme과 그의 동료들은 소셜 봇은 그 봇을 지능적이라고 판단하지 못하게 하는 단점을 갖고 있다고 말한다(Grimme et al., 2017). 왜냐하면 그들의 상호작용 능력은 소셜 미디어 플랫폼 전체에서 일반적으로 사용되는 데서 상당히 제한적이기 때문이다.

따라서 특히 소셜 봇에 초점을 맞춘 작업이 점점 늘어나고 있으며,

이는 봇이 온라인에서 어느 정도의 대리권 — 사람들과 연결되어 있기도 하고 별개이기도 한 — 을 가지고 있음을 시사한다. 그러나 덜 사회적이고 더 인프라를 갖춘 봇은 어떨까? 예를 들어, 소셜 미디어 플랫폼 또는 다른 웹사이트의 이른바 '백 엔드'에서 작동하는 봇을 일종의 '행위자'로 분류할 수 있을까? 울리와 그의 동료들은 그 답이 종종 '그렇다'라고 주장한다(Woolley et al., 2018). 왜냐하면 이러한 봇은 자율적으로 상호작용하도록 만들어졌기 때문이다. 이러한 봇은 사람과 직접 커뮤니케이션하는 것이 아니라 다른 기계하고만 커뮤니케이션한다. ANT에 따르면 이런 봇-봇 상호작용은 봇-인간 상호작용만큼 아주 유효하고 아주 '사회적'이다. 객체 간의 연결 역시 객체와 인간 간의 연결만큼 네트워크의 동등한 부분이기 때문이다. 저자들은 소셜 봇과 마찬가지로 백 엔드 봇 역시 환경으로부터 학습하도록 프로그래밍될 수 있다고 언급한다. 그들은 또한 봇 제작자들이 자신들과의 인터뷰에서 (소셜 봇처럼) 백 엔드 봇이 자신이 거주하는 생태계의 독특한 입력과 출력 때문에 종종 예상치 못한 일을 했음을 암시했다고 지적한다.

봇의 인프라적 역할

대부분의 사람은 인터넷 인프라 역할을 하는 백 엔드 봇에 대해 전혀 생각하지 않는다. 우리 중 많은 사람은 우리가 봇과 지속적으로 상호작용하고 있다는 사실을 전혀 깨닫지 못한 채 웹을 탐색한다. 고객 서비스 봇 같은 명백한 봇과 엮일 때 우리는 그것을 봇 기반 인프라의 일부인 특정 종류의 대화형 봇으로 생각하지 않을 것이다. 우리는 일반적으로 그것을 단순히 자동화된 상업 시스템으로 생각한다. 그러나 이제는 분명 알고 있듯이, 봇은 온라인에 다양한 기능으로 존재한다. 이러한 봇을 이해하는 방법 또한 마찬가지로 다면적이다. 어떤 사람들은 인프라 봇의 사회성을 분석하는 데 초점을 두어 그 봇이 사회 활동을 편리하게 하고 가능하게 하는 방법, 사회 활동에 참여하는 방법을 조사한다. 다른 사람들은 권력 시스템 내에서의 봇의 역할에 집중해 봇이 불평등이나 인권 침해를 영구화하는 데 어떻게 이용될 수 있는지를 분석한다. 마지막으로 봇 인프라에 대한 일부 이론은 더 광범위한 시스템에서의 봇의 역할을 탐구한다. 그들은 봇이 소셜 미디어 사이트를 포함한 웹 기반 플랫폼에서 특정 과제 및 과정에 암암리에 그리고 명시적으로 어떻게 기여하는지 조사한다.

2016년 정치적 조작 때문에 봇이 세계적인 뉴스가 되기 전에는(Bessi and Ferrara, 2016; Hess, 2016) 일반 대중은 봇에 대해 몰랐거나 봇에 대해 생각해 본 적이 없었다. 그러나 인터넷과 디지털 상호작용(그리고 그것을 가능케 하는 봇)이 우리 삶의 중심이 됨에 따라, 안드레이사 헵Andreas Hepp은 미디어와 커뮤니케이션 학자들이 정보 전달 '객체'로서의 봇의 역할에 대해 이론적·과학적으로 더 많은 연구를 해야 한다고 주장한다(Hepp, 2020). 헵은 자신이 "상호작용 로봇에 대한 연구"를 지지할 때에는 "'단순히' 자동화된 상호작용 이상의" 무언가를 의미한다고 적시한다. 그는 봇의 작업이 "'데이터 식민주의'(Couldry and Mejias, 2019)와 '감시 자본주의'(Zuboff, 2019) 프로젝트에서 상호작용 로봇을 대리인으로 채용해 데이터를 수집하는 [···] 역할을 하는, 광범위하고 복잡한 기능으로 통합되었다"라고 주장한다. 즉, 봇은 국가 및 기타 강력한 정치 행위자들이 인터넷, 그 데이터로부터 도출된 결론, 전 세계 사람들에게 힘과 독특한 의미를 가진 특별한 문화적 인공물을 제시하고 표현하고 인코딩하는 데 사용하는 인프라의 일부이다.[3] 봇은 정보의 흐름과 정보에 대한 이해 두 가지 모두를 통제하는 수단이다. 디지털 자동화는 또한 온라인 사용자의 행동을 끈질기게 추적할 수 있으며(감시), 광고와 여러 제품을 판매하는 역할도 한다(자본주의).

이전 장에서 언급했듯이, 봇의 웹 트래픽은 인터넷상의 모든 트래픽의 약 40%를 차지하며(Hughes, 2019), 해당 봇 트래픽의 20%만 '나쁜' 또는 악의적인 봇에서 발생한다(Osborne, 2019). 굉장히 다양한 과제를 수행하기 위해 만들어진 봇은 웹 어디에나 있으며 그 기능을 수행하는 데 필수불가결하다. 이전 장에서 배웠듯이, 봇은 모든 종류의 사회적·상업적·정치적 작업을 수행한다. 펀잘란이 지적하듯이(Punzalan, 2017), 봇은 디지털 아카이브 작업에서도 중요한 역할을 한다. 많은 경우 봇은 사람들이 하고 싶어 하지 않는 일을 한다. 왜냐하면 이런 일은 반복적이고 지루하고 경제적으로 합리적이지 않기 때문이다. 이처럼 흥미 없는 노동은 종종 웹사이트와 인터넷 플랫폼의 일상적인 운영에 필수적이다. 이런 이유로 많은 학자들은 인프라 봇의 중요성을 보여주기 위해 노력했으며, 봇이 배후에서 인간이 보다 원활하게 온라인 삶을 살 수 있게 해준다고 주장한다. 봇은 디지털 시스템의 기술적 성공에만 중요한 것이 아니라 커뮤니티 시스템의 사회적 성공에도 중요하다.

대부분 막후에서 움직이는 봇은 위키피디아, 레딧 같은 매우 인기 있는 웹사이트를 유지하는 데 필수적이다. 이러한 봇과 그 제작자, 봇이 작동하는 사이트, 그리고 봇이 상호작용하는 다른 사용자와의 관계는 복잡하다. 예를 들어 위키피디아는 백 엔드에 있는 자발적인 편집자들의 협동 네트워크를 308개 이상의 언어 편집본을 가진 프런트 엔드의 위키피디아와 균형을 맞춰야 하는데, 봇이 이를 조율하는 데 중요한 역할을 한다(Wikipedia, 2021). 가이거는 위키피디아 봇의 역할을 맞춤형 코드로 이론화했는데, 그는 "서버에 특별 접속권을 가진 사람이 만든 서버 쪽 코드베이스로 통합되는 것이 아니라 플랫폼 또는 시스템과 함께 실행되는 코드"라고 정의한다(Geiger, 2014: 342). 즉, 위키피디아 사용자는 플랫폼을 위해 실제로 작업하지 않고도 온라인 백과사전을 유지하는 데 도움이 되는 봇을 만들 수 있다. 따라서 이것은 위계적 관계가 아니라 병렬 관계이다. 맞춤형 코드(예를 들어, 사이트의 기능에 아주 중요한 오프 서버 위키피디아 봇을 실행하는 코드)는 봇과 제작자 또는 호스트 간의 통상적인 역학 관계를 뒤집고 있다. 가이거에게 맞춤형 코드라는 개념은 어떤 서버를 소유하는 조직이 상호작용을 가능케 하는 코드에 대해 완벽한 통제권을 갖고 있다는 생각에 도전한다(Geiger, 2014). 가이거의 모델은 주어진 플랫폼의 코드 — 그리고 그 하부에 깔려 있거나 그에 의해 가능해진 힘 — 를 살펴보거나 이해하기 위해서는 우리의 질문이 서버라는 온실을 벗어나 "관계적, 네트워크적, 인프라적"이어야 하고 "많은 다른 종류의 공간에 처해 있어야만 한다"고 말한다(Geiger, 2014: 352). 가이거에게 사이트에서 상호작용을 중재하는 위키피디아 봇의 복잡한 기원과 소유권은 '소프트웨어의 사회성'에 대한 중요한 질문을 제기한다(Geiger, 2014: 353).

키엘 롱Kiel Long과 그의 동료들은 레딧에서의 봇의 역할을 탐구하기 위해 HCI 접근법을 사용한다(Long et al., 2017). 레딧의 봇은 특정 하위 레딧을 조정하는 것에서부터 사용자 댓글에 답하는 것까지 다양한 기능을 한다. 따라서 롱과 그의 동료들은 "레딧 봇의 질과 기능성, 그리고 레딧 봇의 제작과 사용을 둘러싼 실용적·사회적 도전을 조사하기 시작했다"(Long et al., 2017: 3488). 그들이 발견한 것은 플랫폼의 사용자 — 즉, 봇과의 첫 상호작용에 참여하는 초보자부터 봇을 만든 전문가까지 — 는 봇의 능력에 대해 아주 다양한 기대와 이해를 갖고 있다는 것이다. 일부 하위 레딧에는 폭넓은 레딧 커뮤니티가 부적절하게 여기는 행동을 하도록 프로그래밍되어 있는 봇도 있다. 사이트 전체에 걸쳐 표준화(봇과 봇이 해야 하는 일에 대한 의견 둘 다에 대해)가 결여되어 있는 듯하다. 롱과 그의 동료들이 주장하듯이, 레딧 봇에 대한 몰이해와 오용은 봇이 더욱 일반화됨에 따라 온라인 상호작용 지향 봇에 대해 더 커다란 의문을 제기한다. 그들은 "봇 개발에서의 사회적 책임"과(Long et al., 2017: 3497) 특정 봇 행위의 상황에 맞는 적절성에 대한 지속적인 연구가 필요하다고 강조한다.

봇은 또한 민주적으로 참여하는 정치적 노력을 위한 인프라의 역할을 하기도 한다. 울리와 황에 따르면, 봇은 시민을 위한 인공물 또는 사회적 발판의 역할을 할 수 있다(Woolley and Hwang, 2015). 봇은 이전에 연결되지 않았던 소셜 그룹들을 소개하고, 민주적 참여를 격려하고, 보호 대상 또는 소외 집단을 괴롭힘으로부터 막아주고, 불공정을 비판할 수 있다. 봇은 조작에 사용될 수도 있지만 좋은 일에 사용될 수도 있다. 울리와 황이 언급한 것처럼, 봇은 단순히 봇이기 때문에 '좋은 것'도 아니고 '나쁜 것'도 아니다. "'좋은' 봇의 실패는 설계의 실패이지 자동화의 실패가 아니다." 다시 말해 테이처럼 '좋은' 일을 하도록 설계된 봇이 '나쁜' 일을 하는 것은 올바른 지시가 주어지지 않았기 때문이지 단순히 자동화되었기 때문이 아니다. 울리와 황은 "봇에 대한 우리의 담론의 초점을 나쁜 목적을 위해 봇을 이용하는 사람들에게 이 기술의 가능성을 양보하는 데 맞추기보다 사회적·윤리적 관점에서 봇을 작업에 적합한 도구로 만드는 자질에 맞춘다면 담론이 더욱 생산적일 것이다"라고 주장한다. 마찬가지로 울리는 최근 대부분의 학문적 초점이 봇의 정치적 오용에 맞춰져 있지만 민주주의를 신장시킬 수 있는 봇의 잠재력은 여전히 남아 있으며, 이 잠재력을 좀 더 자세하게 연구해야 한다고 지적한다(Woolley, 2020b).

결론

봇과 우리 문화에서의 봇의 역할에 대한 이론화는 아직 갈 길이 멀다. 이 장의 문헌, 아이디어, 그리고 주장에서 분명히 알 수 있듯이, 봇은 복잡한 방식으로 인터넷의 ― 좀 더 일반적으로는 삶의 ― 사회적·기술적 층층마다 중요하다. 그러나 우리는 여전히 봇 이론에 대한 현재의 이해도가 어느 정도인지, 여기에서 어디로 가는지 모른다. 아마도 다음의 뜨거운 주제는 '자동화된 사회적 행위자', 디지털 '대리인', 또는 '공생적' 컴퓨터 시스템의 철학이 될 것이다. 새로운 방법, 특히 특정 플랫폼과 넓은 웹에 걸쳐 있는 봇의 독특한 사회적 위상에 대한 이론화와 함께 봇 행동과 상호작용에 대한 경험적 분석 연구들이 환영을 받을 것이다. 예를 들어, 다중 플랫폼, 다중 언어, 정보와 허위정보의 확산에서 봇이 수행하는 역할을 조사하는 것은 전 세계적으로 영향력 있는 활동 및 연관된 이슈(예를 들어, 양극화, 온라인 '잡음', 음모 이론, 트롤링, 증오 같은)에 대해 중요한 설명을 제공할 수 있다. 이런 면에서 우리는 인간 인플루언서의 배치 같은 보다 친숙한 전술에 비해 봇의 특정한 행동 유도성에 대한 더 나은 이해를 구축해 가야 한다.

학자들은 예상치 못한 봇의 행동이 제작자의 편견과 의도, 다른 사용자의 교묘한 술책, 그리고 가장 흥미롭게도 봇 자체의 지능(또는 지능 부족)과 어떻게 연계되어 있는지에 대해서도 계속 연구해야 한다. 이 후자는 우리가 봇을 어떻게 생각하는가를 둘러싼 가장 인기 있는 이슈 — 봇이 인공지능이나 머신 러닝과 맺는 관계, 그리고 종종 논의되는 봇의 '윤리적' 이용과 설계 — 를 불러온다. 학자들은 이러한 주제, 특히 인공지능 봇이 사회에 미치는 영향을 지속적으로 탐구해야 한다. 우리는 인공지능과 관련된 봇의 능력을 실용적으로 분류하기 위해서는 더 많은 작업을 해야 하고, 일부 테크노피아의 징후처럼 인공지능을 과대 판매하는 작업은 줄일 필요가 있다. 이것은 소셜 미디어의 민주적 잠재력에 대한 초기의 과대광고를 흉내 내는 실수이다(Morozov, 2010). 또한 우리는 이른바 '윤리적' 프레임을 벗어나서 봇과 인공지능을 덜 주관적으로 이해하는 시스템에 대해 생각해야 한다. 예를 들어, 인종 평등과 관련해 그러한 시스템을 어떻게 이해해야 할까? 사피야 노블Safiya Noble(Noble, 2018)을 포함한 학자들이 이 작업을 위한 길을 닦았지만 아직 해야 할 일이 많이 남아 있다. 이러한 작업은 또한 봇과 인공지능의 역할을 보다 광범위한 사회적 평등 및 인권과 관련해서 살펴봐야 한다.

자동화된 인간 아바타(실제 인간을 대신하는)의 사용이 늘어나면서 (Takahashi, 2020) 인간과 봇 사이의 경계도 흐릿해질 것이다. 우리는 디지털-인간 행위자의 사회적·기술적 복잡함을 이해하기 위해 인간-봇 '사이보그'에 대한 더 많은 연구와 이론화가 필요하며, 울리가 지적하듯이, 인간과 기계 사이의 점점 더 흐릿한 구분은 현실, 사실, 그리고 진실에 대한 모든 종류의 의문을 낳는 것으로 이어질 것이다(Woolley, 2020b). 도나 해러웨이Donna Haraway는 자연과 문화 사이의 이분적 구분에 대한 전통적인 경계와 생각이 도전을 받고 있는 공간으로서 기술과 인간의 하이브리드화를 이해하는 강력한 이론적 틀을 제공한다(Haraway, 1991). 예를 들어, 그녀는 사이보그는 '포스트 젠더post gender(성별을 초월하는 것)'이며 따라서 성별에 대한 이분법적 구분을 흐리게 하는 지속적인 페미니즘(여성주의) 이론화를 위한 가능성을 제시한다고 주장한다. 그녀를 포함한 여러 사람들이 제안한 것처럼 (Davisson and Booth, 2018; Gunkel, 2012; Floridi, 2014; Luke, 2018), 우리는 기술과 사람이 함께 어우러지면서 등장하는 새로운 '창조물'을 이해하기 위해 디지털 하이브리드 윤리를 보다 엄격하게 규정하기보다 그것에 대해 계속 숙고해야 한다. 그래디 부치Grady Booch가 주장하듯이(Booch, 2016), 인간의 이미지에 기반한 기계 개발이 진전됨에 따라, 그리고 '초지능 인공지능'에 대한 두려움을 고려할 때, 우리는 인간성의 가장 나쁜 면이 아닌 최상의 특징이 새겨진 인공지능 도구를 설계·제작하기 위해 노력해야 한다.

07 결론: 봇의 미래

지난 60년 동안 봇은 인간의 커뮤니케이션과 인간-컴퓨터 상호작용을 변화시키는 데 도움을 주어왔다. 봇은 우리가 방대하고 계속 확장되는 인터넷을 탐색하고 이해하도록 도왔고, 상업 및 금융 분야에서 거래가 수행되는 방식을 변화시켰고, 디지털 시대의 행동주의, 억압, 선전을 촉진시키는 데 동원되었고, 딥 러닝과 함께 인공지능 발전의 최신 물결 속에서 우리 눈앞에서 진화해 왔다. 간단히 말하면 우리 세상은 봇이 있기 때문에 다르다. 봇은 온라인에 널리 퍼져 있으며 현대의 초연결 세계에서 일상생활의 기능에 필수불가결한 것이 되었다. 불평등에 의해서이든 선택에 의해서이든 관계없이 거의 연결성이 없는 장소의 사람들의 삶까지도 상류 쪽 봇(소프트웨어, 네트워크 등)의 행동에 의해 영향을 받는다. 봇은 놓치기 쉽고 우리의 일상생활에서 주변 어디에나 있을 수 있지만, 지구상 대부분의 사람들이 의존하는 많은 사회 기술적 시스템에 중요하다(Aarts and Wichert, 2009).

봇은 컴퓨팅에서 기술적 노력만큼이나 사회적 노력이 핵심이라는 사실을 구현한 것이다. 우리는 심지어 많은 기술적 단어의 어원에서 컴퓨팅과 기술의 사회적·인간적 특성을 볼 수 있다. digital은 digitus(손가락)라는 라틴어에서 유래한 것으로, 이 단어는 수를 셀 때 사용한다. statistics(통계)라는 단어는 state(상태)에 대한 연구에서 유래했다. 그리고 컴퓨터 초기에 영어권 사람들은 컴퓨터를 '전자 뇌electric brain'라고 불렀다[표준 중국어에서는 여전히 이 용어를 사용해 컴퓨터를 電腦(diànnǎo)라고 부른다]. 이러한 언어적 발자취는 기술 역사가 사회 역사와 오랫동안 얽혀 있다는 것을 반영한다. 우리의 기술은 기술자 또는 개발자가 이러한 도구를 만들 때 그것을 알고 있는지 여부와 관계없이 그 설계에 항상 사회적 가치를 담는다.

봇이 미래에 어떻게 진화할지와 관련된 구체적인 사항에 대해서는 여전히 많은 질문이 있지만 몇 가지 일반적인 윤곽을 만들 수 있다. 이 책을 결론지으면서 우리는 봇 정책, 봇 윤리, 봇 연구의 핵심 미래 질문에 대해 간략히 다룰 것이다. 이에 대한 답변은 우리의 정치적, 정보적, 사회적, 상업적, 기술적 세상의 모습을 영원히 만들어갈 것이다.

봇 개발과 진화의 미래

인공지능의 몇 가지 하위 분야는 미래 봇의 능력과 기능성을 변형시킬 만한 커다란 가능성을 가지고 있다.

NLP(자연어 처리)

우선, NLP의 발전은 봇에 변혁적일 것이다. NLP의 발전은 오디오 기반 개방형 도메인 챗봇의 빠른 진화를 촉발할 수 있다. 이를 통해 음성 기반 인터페이스인 'CUIconversational user interface'(대화형 사용자 인터페이스)가 확대되어 사용자의 지시사항을 듣고 그것을 정확하게 수행할 수 있을 것이다. CUI는 인간이 컴퓨터와 상호작용하는 방식을 근본적으로 변화시킬 것이다. 많은 응용 프로그램에서 컴퓨터와 대화하는 것은 인간 입력의 주요 형태로 마우스와 키보드를 사용하는 것을 필연적으로 대체할 것이다.

NLP에서의 발전은 또한 의료 챗봇의 발전도 진전시킬 것이다. 챗봇은 정신 치료를 보완하는 소박한 방식으로 이미 사용되고 있다. 워봇Woebot, 위사Wysa, 유프Youpe 같은 도구는 이를 해결하기 위해 인지 행동 치료Cognitive Behavioral Therapy(CBT) 기술을 추천하는 알기 쉬운 챗봇이다(Zarka, 2018). 연구에 따르면, 사용자는 이러한 봇과의 채팅을 즐기고 있으며 그렇게 하는 것이 사용자의 우울증을 감소시키는 데 도움을 주었다(Fitzpatrick et al., 2017). 환자의 정신 건강을 개선하기 위해 봇을 이용하는 아이디어는 일라이자 제작자인 요제프 바이첸바움의 동료 케네스 콜비Kenneth Colby의 꿈이었다(Leonard, 1997: 56~57). 콜비는 봇이 고품질의 정신 건강 치료에 접근할 수 없는 곳에서도 정신과 치료에 더 널리 사용될 수 있기를 희망했다(Hall, 2019). 정신 건강 서비스에 대한 접근성 부족은 오늘날 세계 대부분의 지역에서 심각한 문제이다.

합성 미디어

봇과 인공지능 발전에서 주시해야 할 또 다른 분야는 합성 미디어이다. 이것은 인공지능을 사용해 완전히 컴퓨터에 의해 생성된 동영상, 이미지, 텍스트로, 때로는 '딥페이크'라고 지칭된다. 인공지능 기술을 사용한 자동화로 생성된 딥페이크는 미래의 허위정보에 끔찍한 결과를 야기할 수 있다. 이미 몇 가지 관련 있는 사건이 벌어졌다. 허위정보 활동에 사용할 사기성 트위터와 페이스북 계정을 만드는 데 딥페이크로 만든 프로필 사진이 사용된 것이다(Nimmo et al., 2019). 또 다른 경우로 한 대학생이 GPT-3를 사용해 완전히 컴퓨터로 생성된 블로그를 만들었는데 이 블로그의 글이 실리콘 밸리 기술자들과 컴퓨터에 정통한 사람들에게 인기 있는 뉴스 및 토론 포럼 Y-콤비네이터Y-Combinator의 뉴스 사이트인 해커 뉴스Hacker News에 가장 인기 있는 기사로 실린 일도 있다(Hao, 2020; Porr, 2020). 이론적으로는 이들이 평균 인터넷 사용자보다 봇이 생성한 콘텐츠를 식별하는 데 더 능숙해야 하는 청중이지만 GPT-3가 블로그 게시물을 모방한 품질은 그들마저도 속였다. 인간이 만든 것 같은 매우 그럴듯한 가짜 뉴스를 몇 분 만에 수백만 개 만들 수 있는 봇은 우리가 완전히 해결하지 못한 현재의 허위정보 위기가 현저하게 확대되었음을 보여준다.

시맨틱 웹

봇과 인공지능의 미래 응용 프로그램에서 가장 유망한 것 중 하나는 팀 버너스-리의 시맨틱 웹에 대한 구상이다. 이는 "웹페이지의 의미 있는 콘텐츠에 구조물을 가져올" 정보 환경을 말한다. 우리는 4장과 5장에서 "페이지를 돌아다니면서 사용자의 복잡한 작업을 수행하는" 봇으로 시맨틱 웹에 대해 간략하게 논의한 바 있다(Berners-Lee et al., 2001). 컴퓨터, 봇, 에이전트는 이미 웹사이트를 방문해 월드 와이드 웹상의 문서를 검색할 수는 있지만 이러한 사이트 배후의 근본적인 의미 또는 의미 체계를 진정으로 파악할 수는 없다. 이것은 월드 와이드 웹이 주로 인간의 소비를 위해 조직되고 설계되었기 때문이다. 월드 와이드 웹은 사람들이 문서를 사용할 수 있도록 고안되었다. 그 대신 시맨틱 웹은 기계를 위해 설계될 것이다. 시맨틱 웹은 기계가 읽을 수 있고 해석할 수 있는 세계에 대한 표현이 될 것이며, 대리자(에이전트)로 하여금 정보를 이해·처리하고 지식 표현을 통해 세상에 대한 '자동화된 추론'에 관여할 수 있게 할 것이다(Berners-Lee et al., 2001; O'Brien, 2020). 버너스-리는 사용자의 삶을 단순화하기 위해 웹에서 정보의 의미를 분석하고 독립적인 작업을 수행할 수 있는 반자율적인 프로그램 또는 에이전트를 그리고 있다. 시맨틱 웹에서 이러한 에이전트 또는 봇은 데이터 및 세계를 이해하는 데 도움이 되도록 인간 사용자 또는 다른 봇과 상호작용할 수 있는 소셜 창조물로 그려지고 있다. 시맨틱 웹에서는 봇이 질문에 답하고 약속을 정하는 등 인간의 손이 필요 없을 만큼 효율적으로 정보를 처리할 수 있을 것이다.

이러한 상상은 아직 실현되지 않았지만 대화형 인공지능 비서, 봇, 사물 인터넷의 출현과 함께 시맨틱 웹을 위한 개방형 표준 개발이 한 걸음 더 가까워졌다(Pomerantz, 2015: 153~186).[1] 인공지능 자체와 함께 시맨틱 웹은 인간이 세상을 이해하고 매일을 살아가는 방식을 바꿀 것이다. 실제로 버너스-리에 따르면, 이 '데이터 웹'은 인터넷 자체보다 훨씬 더 혁명적인 잠재력을 갖고 있으므로 "오늘날의 웹에서 기계 추론이 언제 어디서나 가능해지고 엄청나게 강력해지는 웹으로" 이동할 수 있다(Berners-Lee, 1998).

시맨틱 웹을 다니면서 CUI를 통해 사용자와 상호작용하는 고급 인공지능을 가진 자율적인 대리자는 인터넷의 발명이 그랬듯이 틀림없이 우리 세상을 변화시킬 것이다. 이런 아이디어가 실현될지는 두고 봐야겠지만, 인공지능과 이를 사용하는 봇은 우리의 세계, 봇의 세계, 그리고 두 세계가 만나는 방식에 계속해서 변혁적인 영향을 끼칠 것이다. 봇과 인공지능은 향후 수십 년간 진화하면서 우리가 뒤에서 알아볼 수많은 사회적·윤리적 질문을 야기할 것이다.

봇 정책에 대한 미래 질문

이제 세상 대부분은 온라인 소셜 봇이 우리의 정보 공간에서 하나의 문젯거리라는 것을 받아들이고 있으며, 최근에는 많은 사람이 이 문제를 해결하기 위해 노력해 왔다. 우리는 봇의 특정한 악의적인 사용에 맞춘 잘 다듬어진 입법이 옳은 방향으로 나아가는 첫 걸음일 것이라고 믿는다. 우리는 또한 지나치게 폭넓은 입법은 법이 전혀 없는 것만큼이나 위험하고 잠재적으로 억압적일 수 있다는 것 또한 믿는다. 특히 봇에 대한 전면적 금지는 우리가 오늘날 알고 있는 인터넷을 변화시킬 것이다. 이 책이 보여주었듯이, 봇은 믿을 수 없을 만큼 유용하고 다양하며, 봇 없이는 인터넷이 존재하지 않을 것이다.

캘리포니아주에서 최근 봇 입법을 시도한 결과 지나치게 광범위한 봇 정책의 위험성이 일부 드러났다. SB1001(B.O.TThe Bolstering Online Transparency 법안)은 2019년 7월에 입법되었다. 이 정책은 캘리포니아주에서 활동하는 봇은 인간과 상호작용하는 대부분의 온라인 공간, 특히 정치적 주제에 댓글을 달거나 투표 행위에 영향을 미치려는 온라인 공간에서 스스로 봇이라고 밝힘으로써 투명해야 한다고 요구한다. 이 법안의 의도는 좋았지만 전문가들은 이 법안이 그 정의가 지나치게 광범위하다는 데, 그리고 계정이 자동화되었는지 여부를 판단할 수 없는 맥락에서는 인간 사용자의 말을 억누를 수 있다는 데 동의했다(DiResta, 2019; Lamo and Calo, 2018; Williams, 2018). 우리는 봇 투명성(모든 봇은 스스로 봇이라고 밝혀야 한다는 것)과 봇을 정치적 메시지를 위해 사용하는 것을 금지하는 목적성 입법에는 강력하게 지지한다. 하지만 이렇게 지나치게 광범위한 법은 악의적인 봇 자체만큼이나 정보 환경에 해로울 수 있다.

아마도 봇 정책 — 그리고 보다 일반적으로 말해 미래의 선거 커뮤니케이션 관련법 — 의 가장 중심 과제는 공정한 디지털 선거 운동과 유권자 조작 간의 분명한 선을 법적으로 정하는 것이다. 우리는 이 과제의 어려움을 과소평가하지 않지만 그것이 반드시 해야 하는 일이라는 것을 알고 있다. 지난 10년 동안 우리가 배운 것이 있다면, 그것은 유권자를 조작하기 위한 기술의 악의적 사용을 금지하는 법 또는 규정이 없으면 온라인 선거 운동은 무엇이든 사냥감으로 삼는다는 것이다. 불행하게도 선거 운동원과 소셜 미디어 회사에게 좋은 것은 종종 유권자와 민주주의에게 좋은 것과 상충된다. 이러한 '두 갈래의 인센티브'가 문제의 근원이다. 무엇이 기만적이고 조작적인 행위를 구성하는지에 대해 법적으로 분명한 선이 그려지기까지 사람들은 헤맬 것이다. 이러한 법률은 '공정한 거래', '불신', '고리대금' 같은 다른 모호한 개념에 대한 법적 정의를 모델로 삼아 만들 수 있다(Calo, 2014).

미래의 윤리적 질문

봇과 인공지능의 최근 진화는 미래를 위한 윤리적 질문의 물결을 가져왔다. 현재까지 명확한 답이 없는 한 가지 질문은 봇이나 기계가 다른 사람에게 물리적 피해를 입힐 경우 누구에게 책임이 있는가 하는 것이다. 6장에서 보았듯이, 네덜란드의 프로그래머 제프리 반 더 구트가 2015년 제프리_이북스라는 트위터 봇을 배포한 후 그 봇은 다른 봇에게 무작위로 살인 협박을 했으며, 이에 경찰이 반 더 구트를 찾아갔다

(Hill, 2015). 더 최근에는 자율 주행 자동차가 사망사고를 일으켰다(Wooldridge, 2020: 151~152). 이것은 누구의 잘못인가? 그러한 경우 책임을 확실히 하는 합리적이고 일관된 방법을 결정해야 한다. 이것은 미래를 위해 중요한 규제에 대한 질문이다.

동일한 질문이 물리적이지 않은 피해로도 확장된다. 또 다른 주요 관심 분야는 인공지능 시스템이 편향성에 확실히 대비하도록 보장하는 것이다(Crawford, 2017). 이러한 문제는 딥 러닝처럼 불투명하게 작동하는 '블랙박스' 알고리즘으로 인해 더욱 심각해진다. 즉, 의사결정 뒤의 논리를 설명할 길이 없어지는 것이다. 블랙박스 알고리즘을 인간의 핵심 결정의 중심에 놓지 않는 합리적인 설계와 규제 수단은 이러한 피해를 막는 데 매우 중요하다.

책임 그리고 데이터의 진실성이 앞에서 살펴본 문제의 핵심이다. 또 다른 주요 윤리적 문제는 접근 그 자체이다. 봇과 인공지능이 일상생활의 측면을 계속 변화시키고 능률화하기 때문에 이러한 도구에 접근하는 것이 점점 더 생활수준을 결정할 수 있다. 물론 '접근권'은 부분적으로는 특정 소프트웨어와 하드웨어를 찾거나 구입할 수 있는지 여부를 의미한다. 그러나 그것은 또한 표현 그 자체로 확장된다. 예를 들어, NLP 연구는 주로 화자가 많고 연구할 데이터 말뭉치가 방대한 언어에 초점을 둔다. 두 명의 NLP 연구원에 따르면 "오늘날의 NLP 연구원은 대부분 전 세계 7000개의 언어 중 20개 언어에 초점을 두므로 대다수는 제대로 연구되지 않고 있다"(Magueresse et al., 2020). 전 세계 7000개 언어의 대부분은 기본적인 NLP 지원조차 받지 못한다(Monaco and Woolley, 2019). 세계에서 가장 많이 사용되는 언어에 대한 언어적 지원은 지난 수년 동안 굉장히 큰 발전을 이루었지만 지구상 대부분의 언어에 대한 NLP 지원은 있다 해도 초기 단계일 뿐이다. 컴퓨터가 인간의 언어를 분석·조작하고 생성하기 위해서는 엄청난 양의 인간의 노력이 공식적인 언어 연구의 형태로 필요하다. 표준화된 글쓰기 시스템조차 없는 전 세계의 7000개 언어와 함께 대부분의 언어는 적절한 인공지능의 지원을 갖고 있지 않으며 앞으로도 상당 기간 동안 없을 것이다(Monaco and Woolley, 2019). CUI가 널리 퍼져 있고 인공지능 비서와 시맨틱 웹이 작동하는 미래에서는 대부분의 사람이 우리의 삶을 변혁할 수 있는 로봇과 상호작용하기 위해 외국어를 배워야 할 것이다. 이러한 환경에서 어떤 언어가 지원받는지에 대한 질문은 강력한 정치적· 사회적, 심지어 경제적 의미와 관련된다. 전 세계 다수의 저자원 언어에 대한 투자, 언어 연구, 기술 개발을 촉진해서 지원을 받고 기술 발전의 혜택을 보다 공평하게 나누는 것이 중요하다.

반면에 널리 퍼져 있는 CUI, 인공지능 비서, 특히 ASRAutomatic Speech Recognition(자동 언어 인식) 및 컴퓨터 의미론의 발전 같은 NLP 혁신을 통한 인간 언어 데이터에 대한 더욱 효율적인 분석 — 말로 된 문장의 의미를 컴퓨터가 실제로 분석하도록 하는 진전 — 은 분명히 대량 감시에 지대한 영향을 끼칠 것이다. 현재로서는 컴퓨터가 음성 데이터보다 텍스트로 된 데이터를 분석하는 데 훨씬 뛰어나다. 하지만 두 경우 모두에서 컴퓨터는 5장에서 논의한 온톨로지와 지식 그래프 같은 스키마를 통해 도메인 특정 지식이 내장되지 않은 문장 또는 언어 데이터의 일반적인 의미를 이해하는 데에는 능숙하지 않다. 컴퓨터가 자율적으로 구문의 의미를 이해하는 능력을 갖고 있다면 대량 디지털 감시는 훨씬 더 억압적이 될 수 있었다. 예를 들어, 정부가 자신들에 대해 부정적인 발언을 하는 반체제 인사를 찾아서 박해하는 것이 더 쉬워질 수 있다. 회사는 똑같은 도구를 이용해 잠재적인 기업 내부 고발자 또는 배반자를 식별할 수 있을 것이다. 이러한 기술들의 심대한 영향은 이와 같은 잠재적 해악을 최소화하도록 계획되고 설계되어야 한다.

미래의 봇에 대한 또 다른 중요한 이슈는 정보 공간에서 인공지능형 봇이 비윤리적으로 사용되는 것을 막는 것이다. 정치 봇 및 컴퓨터 선전에 대한 장에서 논의했듯이, 지난 10년 동안 대부분의 정치 봇은 자신의 콘텐츠를 만들고 홍보하기 위해 일라이자 기반의 챗봇 기능 및 간단한 휴리스틱 같은 단순한 프로그래밍을 사용하는 멍청한 봇이었다.

이런 가장 기본적인 전략조차도 알고리즘 다루기를 통해 — 특히 빈번한 상호작용으로 콘텐츠의 흐름을 만듦으로써 — 정치적 대화를 성공적으로 조작할 수 있었다. 하지만 봇과 인공지능에 대한 장에서 우리는 이런 시대가 끝나가고 있음을 보았다. 완전히 인공지능으로 생성된 블로그를 만든 대학생은 해커 뉴스의 상단을 장식했는데, 이는 고급 언어 생성이 가능한 인공지능의 확산이 가져올 위험에 대한 분명한 신호였다. 어떤 주제를 입력하더라도 일 분 안에 수백만 개의 이야기를 설득력 있게 만들어낼 수 있는 봇은 오늘날 우리가 상상할 수 있는 것과는 다른 규모로 허위정보를 만들어낸다. 이것이 개인을 목표로 하는 온라인 데이터에 대한 인공지능의 향상된 분석과 합쳐지면 그 가능성은 솔직히 말해 매우 무섭다(Neudert, 2018).

GPT-3에서 본 NLP 기술의 진전 외에, 딥페이크와 합성 미디어의 발전 또한 현실 인식 및 허구와 진실을 구분해 내는 능력에 대한 새로운 의문을 제기한다. 이러한 시스템을 가장 잘 개발하고 분배하는 방법에 대한 질문은 넘쳐난다. 한편으로는 이러한 시스템을 제한된 수의 믿음직한 기관의 손에 두는 것이 폭넓은 남용을 막을 것이다. 다른 한편으로는 이렇게 하면 인간 역사상 다른 어떤 조직보다 더 많은 힘을 이미 갖고 있는 기술 부문에 더 많은 권력을 주게 될 것이다.

이러한 우려는 국가 수준에서만 존재하는 것이 아니라 개인 수준에서도 존재한다. 최근 봇과 인공지능 기술을 활용하는 개인 간 허위정보 및 괴롭힘이 증가함에 따라 개인 수준에서 인공지능을 남용하는 일 또한 확산될 가능성이 있다. 최근에 위험 신호가 나타나기 시작했다. 우리는 설득력 있는 메시지로 사랑하는 사람을 목표로 삼을 수 있는 능력을 고객에게 제공하는 새로운 회사를 보고 있다. 이러한 회사는 고객의 사랑하는 사람이 살을 빼도록 유도하거나 떳떳하지 못한 디지털 술수를 사용해 종교를 바꾸게 한다(Pousen, 2019; Stoppard, 2018). 특히 문제가 되는 오용 중 하나는 여성의 나체 합성 이미지를 만들어내는 텔레그램의 딥페이크 봇이다(Burgess, 2020). 이런 봇은 전 세계의 악의적인 사용자들이 보복 또는 악용에 활용하기 위해 실제 여성의 가짜 누드를 만드는 데 이용되어 왔다. 이런 이미지는 실제가 아니지만 설령 가짜라고 밝혀지더라도 이미지의 대상에게 심각한 해를 입힐 수 있다. 인공지능 기능의 악용을 방지하기 위한 규정과 기술을 잘 설계해서 이러한 기술로 인한 피해보다 더 좋은 이익을 얻을 수 있도록 하는 것이 중요하다.

봇에 대한 미래 연구

봇이 기술 시스템, 인간, 그리고 세계와 어떻게 상호작용하는지 이해하기 위해서는 해야 할 일이 여전히 많다. 이러한 이해를 구축하고자 하는 학자들은 다음과 같은 몇 가지 분야에 집중해야 한다. 바로 봇과 인공지능, 봇의 윤리적 활용, 봇 에이전시, 봇과 커뮤니케이션, 봇과 정치, 봇과 상거래, 그리고 사회적 발판 또는 사회에 이로운 도구로서의 봇의 활용이다. 이런 이슈 각각은 몇 가지 의문을 제기한다.

봇과 인공지능을 검토하는 학자들은 그 둘 사이의 관계를 쉽게 설명하고 이해할 수 있도록 만들어야 한다. 지난 몇 년 동안 언론인, 연구자, 그리고 정보와 이해의 공급자는 봇을 똑똑한 인공지능 도구라고 규정했다. 별 일 아닌 듯 보일지 모르지만, 사실 이것은 공포와 오해로 이어질 수 있다. 또한 이것은 봇의 오용에 의해 야기되는 문제에 대한 바른 해결책을 만들기 어렵게 할 수 있다. 예를 들어, 정치에서 사용되는 많은 봇은 전혀 인공지능이나 머신 러닝으로 코딩되지 않는다. 그러한 봇은 현실적인 대화에 참여하거나 주변으로부터 배우도록 만들어지지 않고 단순히 콘텐츠에 대해 좋아요를 누르거나 공유하고, 사람을 팔로하고, 동일한 문구나 해시태그를 계속 반복한다. 이 봇은 무딘 도구이지만 자신을 이용하는 선동가 또는 조작꾼을 위해 일한다. 그런 봇이 인공지능을 사용한다고 잘못 말하는 것은 봇의 사회적 용도를 탐구하려는 공적인 작업 노력에 불필요한 복잡성과 우려를 더한다. 그것은 사람들에게 이러한 정치적 봇이 상당히 기본적인 소프트웨어를 단순히 오용한 것임을 이해시키기보다 봇을 터미네이터나 할9000HAL9000* 같은 공포의 대상으로 만든다. 연구자와 언론인들은 특히 봇이 악의적으로 사용될 때 인공지능이 봇에 의해 어떻게 사용되는지를 정확하게 정리해서 이야기해야 한다.

물론 봇을 둘러싼 일부 윤리적 이슈는 디지털 자동화에서 인공지능에 의해 제기되었는데, 연구자들은 자신이 만들고 있는 도구의 영향에 대해 신중하게 고려해야만 한다. 예를 들어, 인공지능 챗봇을 만들 때 우리는 그 봇이 범죄자, 증오 집단, 또는 폭군에 의해 어떻게 악용될 수 있는지도 고려해야 한다. 우리는 또한 가능한 한 많은 결과를 충분히 생각해야 한다. 예를 들어, 머신 러닝 챗봇에게 트롤링 잡아내기 같은 것을 훈련시키고 있다면, 괴롭힘 추정 꼬리표를 누가 붙이는지, 보고가 더 이상의 추행을 위해 악용되지 않는지를 확실히 해야 한다. 우리는 또한 프로그래머 집단이 다양한 커뮤니티를 대표하는지도 확인해야 한다. 만일 심각한 문제를 해결하기 위한 봇이 22세부터 40세 사이의 백인 남성에 의해서만 설계되고 훈련된다면 문제가 될 수 있다. 또

* 영화 〈2001 : 스페이스 오딧세이〉에 등장하는 인공지능형 컴퓨터로 매우 뛰어난 능력을 지니고 있다._옮긴이

다른 윤리적 질문에는 고빈도의 상거래에 이용되는 봇을 어떻게 관찰하고 통제해야 하는지가 포함된다. 자동화 여부에 상관없이 우리는 재정적·기술적 과정을 관찰·통제하지 않은 채 놓아둘 수 없으며, 그런 과정이나 결정은 투명해야 한다. 봇의 작동과 의도는 종종 (때로는 의도적으로) 그 복잡성 때문에 이해하기 힘들다. 그러나 연구자, 언론인, 시민 사회 집단 등은 봇과 연관된 문제들을 해결해서 봇으로부터 영향을 받는 모든 사람 – 현재로서는 기본적으로 모든 사람 – 이 봇이 무엇을 하고 왜 하는지 이해할 수 있게 해야 한다. 이러한 종류의 투명성 없이는 비윤리적 봇 사용을 억제하는 데 필요한 규제, 정책, 그리고 절차를 실행하는 것이 불가능할 것이다.

STS와 HCI 학자들은 사회와 기술 사이의 관계, 그리고 그러한 관계가 일으킬 수 있는 문제를 이해하는 데서 큰 진전을 이루었다(Dourish, 2004; Suchman, 2006; Winner, 1980). 또한 그들은 봇을 포함한 일부 기술적 인공물이 일종의 대리권을 갖고 있다는 것을 이론화했다(Latour, 2007; Law and Hassard, 1999; Kono, 2013). 그러나 이러한 연구는 여전히 초기 단계이다. 봇이 사회에서 어떻게 위치하며, 얼마나 많은 대리권을 갖고 있는지에 대해서는 여전히 많은 질문이 있다. 봇을 사용해 사회에 해를 끼치는 것이 아니라 이익을 주기 위해서는 이러한 질문들에 대해 생각해야만 한다. 윤리적 챗봇은 또한 더욱 효과적이고 더 잘 설계된, 더 유용한 챗봇이 될 것이다. 무엇이 봇(그리고 인공지능)이고 무엇이 봇이 아닌지 명확하게 이해하면 언론인 그리고 사상 지도자들 – 대중에게 지식을 전파하는 데 중추적인 역할을 하는 – 은 자동화된 기술에서의 기술 발전에 대해 명확하고 정확하게 설명할 수 있을 것이다. 그리고 봇의 대리권에 대한 연구를 지속하는 것은 대리권이 어떻게 다른 소프트웨어와 하드웨어 도구, 특히 인공지능 — 지구상에서 다양한 목적으로 개발·활용되기 때문에 이해해야만 하는 도구인 — 에 적용되는지 이해할 수 있게 할 것이다.

하나의 사회로서 우리는 정치, 경제, 정보, 또는 다른 어떤 이유로든 봇의 악용을 받아들여서는 안 된다. 연구자들은 조작적이고 비밀스러우며 불공정한 봇의 이용에 대해 계속 연구·폭로해야 하고 확인한 문제들에 대한 해결책을 제안해야 한다. 연구자들은 봇의 정치적 악용에 주의를 기울이는 데 사용하는 것과 동일한 에너지를 그러한 악용을 막고 사회적으로 이로운 봇의 활용을 만드는 데 쏟아야 한다. 그러나 우리는 '독재' 봇 군대에 대항해서 싸우기 위해 '민주' 봇이라는 군대를 이용하는 식으로 불에 불로 맞서는 함정에 빠져서는 안 된다. 이른바 민주 봇이라고 하는 것이 봇으로서의 위상 및 만든 사람에 대해 투명하지 않은 경우에는 특히 그렇다.

연구자들은 소셜 미디어에서 봇의 정치적 사용과 허위정보의 디지털 유포를 설명하기 위해 무기와 전쟁 지향의 은유법(방금 사용한 것과 같은)을 사용하면서 여러 해를 보냈다. 그러나 우리가 봇과 전쟁 중이라는 생각은 봇의 긍정적인 잠재력을 보는 능력을 제한한다. 봇은 우리 사회를 위해 좋은 일을 할 엄청난 가능성을 지니고 있다. 사회적 문제를 일으킬 수 있는 도구는 사회적 해결책 또한 만들 수 있다. 우리는 봇이 사회적 발판 또는 시민 구제책 역할을 할 수 있는 방법을 생각하기 시작해야 한다. 봇은 결국 봇을 만들고 이용하는 사람들을 반영한다. 우리는 봇에게 우리가 지닌 최고의 자질을 접목시키고 최악의 자질은 배제하기 위해 노력해야 한다.

주

제1장 봇이란 무엇인가

1 지금은 챗봇이 대화형 에이전트의 가장 일반적인 용어가 되었지만, 1990년대의 유명한 봇 제작자 마이클 멀딘(Michael Mauldin)이 만든 '채터봇(chatterbot)'이라는 용어는 당시 동일한 현상을 가리키는 일반적인 용어였다(Deryugina, 2010; Leonard, 1997: 4).

2 일라이자의 패턴 매칭과 대체 방법은 오늘날 '정규 표현식' 또는 'RegEx'가 작동하는 것과 동일한 방식으로 작동한다. RegEx는 인간 언어에서 패턴 매칭을 위한 공식 언어이다. RegEx는 현대 자연어 처리 프로그램을 위한 전처리 단계로, 컴퓨터가 인간 언어(단어, 문장, 전화번호, URL 등)에서 미리 정의된 패턴을 검색하고 탐지하도록 하는 데 종종 사용된다(Jurafsky and Martin, 2018: 9~10).

3 인터넷의 의미 전달 및 인프라 역할을 하는 봇의 근본적인 중요성은 봇에 대한 전면적인 금지를 지지하는 법률 또는 규정이 우리가 알고 있는 현대의 웹을 파괴하는 주요 이유 중 하나이다.

4 물론 현대의 컴퓨터 네트워크와 인터넷은 HTTP 외에 TCP(Transmission Control Protocol), IP(Internet Protocol), SMTP(Simple Mail Transfer Protocol) 같은 10여 개의 프로토콜을 이용하며, 이들은 모두 하루에 수백만 번씩 이용된다. 이 모든 작은 부품은 현대 인터넷이라는 기계를 구성하는 필수 톱니바퀴들이다(Frystyk, 1994; Shuler, 2002).

5 최초의 그래픽 MUD는 1980년대 중반까지 등장하지 않았다(Castronova, 2005: 55).

6 초기 웹 색인 봇은 방랑자(wanderer), 벌레(worm), 물고기(fish), 보행자(walker), 노봇(knowbot), 웹 로봇(web robot) 등으로도 불렸다(Gudivada et al., 1997).

7 HTML이 웹 개발자들이 웹페이지를 만드는 데 이용하는 주요 언어인 반면, CSS와 자바스크립트 같은 다른 언어는 웹사이트에 매우 중요한 2차적 기능을 제공하는 것으로, 현대 웹사이트의 필수적인 구성 요소이다.

8 오늘날 월드 와이드 웹에서 웹 색인 크롤러 봇이 어디에나 있는 것은 '다크 웹'이라고 알려진 것과 오늘날 일상생활의 웹을 구분하는 한 측면이다. 다크 웹은 인터넷의 대안적인 형태로, 다크 웹에 접속하기 위해서는 추가적인 소프트웨어, 프로토콜, 그리고 기술적 지식이 필요하다. 토르(Tor), I2P, 프리넷(Freinet), 제로넷(ZeroNet), GNU넷(GNUnet)은 다크 웹에 접속하는 데 사용할 수 있는 도구의 일부이다(Gehl, 2018). 보안 전문가, 연구원, 그리고 사이버 보안 회사들이 다크 웹을 탐색하기 위한 크롤러 봇을 만들 수 있지만 구글 같은 대규모 중앙집중식 검색 엔진은 다크 웹에 존재하지 않는다. 따라서 다크 웹 탐색은 주로 소규모 커뮤니티 내의 입소문이나 초기 인터넷의 '웹 디렉토리'와 유사한 소규모 검색 엔진을 통해 주로 수행된다. 다크 웹의 많은 부분은 크롤러 봇이 전혀

색인해 놓지 않은 사이트들로 구성된다. 다크 웹에서 발생하는 많은 활동은 비밀리에 이루어진다(예를 들면, 온라인 범죄, 불법 상행위, 검열 회피 사이트 및 도구). 다크 웹은 또한 사용자와 게시자가 온라인에서 익명을 유지하도록 허용한다.

9 1990년대 가장 저명한 봇 개발자이자 봇 연구자 중 한 명인 마틴 코스터(Martijn Koster)는 잘 알려진 크롤러(또는 시대적 용어로 '웹 로봇') — 이것은 여전히 온라인 상태이다 — 의 데이터베이스를 만들기도 했다(Koster, n.d.).

10 '딥 웹(deep web)'도 주목할 만한 개념이다. 딥 웹 사이트는 접속하는 데 특별한 권한(예를 들면, 비밀번호 같은)이 필요하며, 해당 접속 권한 없이는 볼 수 없는 사이트이다. 예를 들어 facebook.com 자체는 모든 검색 엔진에서 색인될 수 있고 읽을 수 있지만, 특정 페이스북 사용자의 프로필과 게시물은 개인 정보 설정 때문에 검색 엔진 결과에서 보이지 않을 수 있다. 그러므로 facebook.com 자체는 웹의 일부이지만, 볼 수 없는 그리고 색인되지 않는 프로필은 딥 웹의 일부라 할 수 있다.

11 로봇 배제 표준(Robot Exclusion Standard)은 로봇 배제 프로토콜(Robot Exclusion Protocol)이라고도 한다.

12 API와 헤드리스 브라우저 자동화 도구 외에 온라인 봇 프로그래밍을 위한 셋째 옵션이 있는데, 파이톤(Phyton)에서 제공하는 파이오토GUI(PyAutoGUI) 같은 그래픽 사용자 인터페이스 자동화 패키지이다. 사용자는 이런 패키지를 통해 커서 이동 및 키보드 같은 것을 자동화함으로써 로컬 컴퓨터에서 자동화된 동작을 프로그래밍할 수 있다(Kiehl, 2012; Sweigart, 2015: 438~439). 하지만, 자동화된 브라우저 소프트웨어를 사용하는 것과 마찬가지로, 이것은 봇을 만드는 데 시간이 더 많이 걸리고 상당한 기술적 능력을 가진 개발자를 필요로 하는 어려운 방법이다.

13 고르와와 길버트가 지적했듯이, 연구자들은 종종 소셜 봇(social bot)을 하나의 단어인 소셜봇(socialbot)으로 쓴다(Gorwa and Guilbeault, 2018).

14 프로파간다(propaganda)라는 용어 자체는 이런 면에서 비슷하다. 영어로는 propaganda가 아주 부정적인 의미를 갖고 있지만 중국어 같은 다른 언어에서는 프로파간다, 즉 선전(宣傳)이라는 용어가 일반적인 홍보 또는 모든 종류의 홍보라는 의미와 함께 더 중립적인 어조를 가진다.

제2장 봇과 사회생활

1 샤오이스(XiaoIce, 小冰)는 마이크로소프트의 영어판 트위터 봇 실험인 테이(@Tay)의 중국어판이다. 테이는 인간 여성을 흉내 내면서 중국의 소셜 미디어 사용자들과 온갖 종류에 대해 이야기를 나누었다. 테이가 문제가 많긴 했지만(예를 들면, 서양 중심의 관점, 잘못된 말뭉치, 문화적으로 모욕적인 반응, 클리피만큼이나 짜증나는 '성격'), 테이는 봇의 폭넓은 사회적 능력을 보여준다. 테이용 코드는 독창적인 시와 노래를 만들어내는 봇, 오디오북을 읽는 봇, 도시경관을 설계하는 봇, 라디오 및 텔레비전 프로그램을 진행하는 봇, 뉴스 기사를 작성하는 봇, 금융 시장에 대한 업데이트를 공유하는 봇을 만드는 데 이용되었다.

2 인터넷은 원래 미군에 의해 만들어졌다. 미군은 연결된 기계의 네트워크를 만들기 위

해 학술 기관들과 협력해서 인터넷을 만들었던 것이다. 오늘날 웹의 가장 잘 알려진 선행 모델은 아르파넷(ARPANET, Advanced Research projects Agency Network)이다. 터너는 인터넷의 초기에 대해, 그리고 인터넷으로부터 생겨난 독특하고 다양한 문화(군사 문화, 학술 문화, 그리고 1960년대 반체제 문화)에 대해 훌륭한 설명을 제공한다(Turner, 2006).

3 많은 컴퓨터 과학자 및 인지 과학자는 튜링 테스트가 지능에 대한 좁은 정의만을 측정하며 그 테스트를 통과한 디지털 실체조차도 진정으로 지각이 있거나 지능적이지 않을 수 있다고 주장했다(Marie del Prado, 2005).

4 '챗봇'과 '소셜 봇'은 서로 바꿔 쓸 수 있는 용어가 아니다. 사람이나 다른 봇들과 직접 대화하도록 만들어지지 않은 일부 봇은 소셜 봇으로 간주될 수 있는데, 그 봇들이 사회적인 결과물을 만들어낼 수 있고 인간과 기계의 '공생'에 참여할 수 있기 때문이다(Neff and Nagy, 2016b).

5 하지만 봇은 대량의 데이터(예를 들면, 공개된 정부 이메일의 막대한 분량, 조사 대상인 개인 또는 기업에 대한 복잡한 재무 정보)를 통합하고 분류하는 것과 같은 조사 저널리즘의 일부 측면에서 매우 유용하다. 예를 들어 쿼츠(Quartz)는 부패와 사기를 찾기 위해 금융 유출 및 기업 정보와 관련된 방대한 자료를 검색할 수 있는 프로그램을 만들었다(Merrill, 2020).

6 SAP 대화형 인공지능의 프랑수아 트리케는 NPC(논플레이어 캐릭터)와 비교해 게임 봇에 대해 좀 더 미묘한 해석을 제공한다(Francois Triquet, 2016). "로봇의 줄임말인 '봇'은 가상의 인물을 조종하고 인간의 행동을 모방하는 컴퓨터 프로그램이다. NPC는 컴퓨터가 조종하는 게임 캐릭터이다." 트리케에게 봇은 인간 사용자가 연기할 캐릭터를 모방하는 것이다.

7 베이 에어리어에 기반을 둔 유명한 미디어 회사 오라일리(O'Reilly)는 2016년이 "봇의 해로 자리 잡고 있다"라고 주장했다(Bruner, 2016). 그것은 마이크로소프트의 사티아 나델라(Satya Nadella)가 2016년에 "봇은 새로운 앱이 될 것"이라고 말한 사실을 가리키는 것이다.

제3장 봇과 정치적 삶

1 API를 통해 데이터를 얻는 것과 스크래핑을 통해 데이터를 얻는 것에는 미묘하지만 중요한 차이가 있다. API는 웹사이트로부터 선택된 데이터를 수집하는 승인된 수단으로 간주할 수 있다. API를 통해 웹사이트(또는 플랫폼) 소유자는 제한을 미리 정의해서 접속할 수 있는 정보 및 정보의 양을 통제한다. 데이터 스크래핑은 웹사이트 소유자의 허락 여부에 관계없이 정보를 복사하고 저장하도록 프로그래밍한 봇을 사용해서 웹사이트에서 눈에 보이는 모든 정보를 수집하는 수단이다. 예를 들어 트위터에는 사용자가 모든 데이터가 아닌 특정 데이터를 수집할 수 있는 무료 API가 있다. 이때 API는 회사가 규정한 감독과 제한(처리율 제한)의 대상이 된다. 한 예로, 트위터 API를 사용해서 사용자의 최신 트윗 3200개를 수집할 수 있지만, 해당 트윗 이상은 수집할 수 없다. 이런 제한은 플랫폼이 의도적으로 선택한 것으로, 아마도 사용자의 개인 정보를 보호하

기 위해서일 것이다. API를 사용하면 트윗에 포함된 좋아요 수와 리트윗 수 같은 특정 트윗에 대한 정보도 수집할 수 있다. 하지만 어느 사용자가 그 트윗을 좋아했는지에 대한 목록을 수집하는 것은 허용되지 않는다. 다시 말하지만, 이는 트위터가 의도적으로 선택한 것이다. 만일 수집하고 싶은 정보(예를 들면, 트윗의 좋아요 또는 사용자가 가장 최근 3200개의 트윗 이전에 작성한 트윗)를 브라우저에서 볼 수 있다면, 브라우저에서 해당 정보를 스크랩하도록 봇을 프로그래밍할 수 있다. 이러한 유형의 스크래핑은 트위터의 서비스 약관(그리고 아마도 법률 또한)을 위반하는 것이다. 하지만 봇과 봇 설계자에게는 이것이 기술적으로 비교적 사소한 일인 반면(Monaco and Arnaudo, 2020), 기업이 탐지하고 방지하기에는 어렵고 비용이 많이 드는 일이다.

2 비디지털, 비온라인 자동화는 행동주의와 사기에도 이용된다. 스팸 발송자, 사기꾼, 활동가들은 특정 지역을 대상으로 전화 통화를 자동화하는 경우가 많다. 이러한 관행을 로보콜(robocall)이라고 한다. 2018년 미국 중간선거에서 한 우익 극단주의자는 인종차별적인 메시지로 유권자들을 겨냥한 수천 건의 로보콜을 자동화하고 지역사회의 분열을 조장하기 위해 도용한 지역 전화번호를 사용했다. 2020년 미국 FCC는 이 같은 통화의 배후에 있는 인물에게 법률 위반 혐의로 1300만 달러에 가까운 벌금을 부과했다 (Federal Communications Commission, 2020; Wilson, 2020).

제4장 봇과 상거래

1 이 인용문은 원문 그대로이다.

2 테이 이후에 그 회사는 유사한 인공지능 봇인 조(Zo)(@zochats)를 출시했다. 조는 테이의 후계 같은 존재로 소개되었지만(Microsoft, 2016b), 사실 조는 2장에서 다루었던 지대한 영향력을 가진 다중 플랫폼 아시아 언어 챗봇인 샤오이스를 훨씬 더 모델로 삼았다. 샤오이스는 여러 해 동안 4000만 명 이상의 사람들과 연결되었으며 테이처럼 행동한 적이 없었다.

3 비즈니스 인사이더는 고객 서비스 봇과 가상 비서 챗봇(VACs)을 구분한다. 둘 다 "웹페이지에 대한 정보, 서비스 및 지원을 제공하며, 비즈니스, 교육, 정부, 의료 및 엔터테인먼트 분야에서 폭넓은 응용 프로그램을 지원한다." 그러나 VACs는 고객을 직접 돕기보다는 내부적으로 비즈니스를 돕는 데 일반적으로 더 많이 이용된다. 기업을 위한 VACs의 효용가치는 분명하다. "VACs는 목록 작성, 약속 및 알림 예약, 소프트웨어 열기 또는 스마트 장치 활성화 같은 사무실을 더 잘 구성하기 위한 다양한 작업을 수행할 수 있다."

4 즉, 서로 거래하면 사용자가 돈을 벌 수 있는 두 개 화폐 사이의 가격 차이를 발견할 때가 하나의 예이다.

제6장 봇 이론화하기

1 그리고, 예를 들어 소셜 미디어 플랫폼에서, 봇을 보거나 상호작용하는 사람을 지시하

는 알고리즘이다.

2 물론 이러한 좋거나 나쁜 행동들은 도덕적으로나 문화적으로 상황에 따라 다르다.

3 그러므로 (가설적으로) 미국 또는 중국 같은 국가가 말레이시아나 잠비아 사람들에게 온라인 정보를 제공하는 것을 통제하도록 허용한다.

제7장 결론: 봇의 미래

1 XML(eXtensible markup language), RDF(Resource Description Framework), 페이스북의 오픈 그래프 프로토콜(Open Graph Protocol), 구글의 지식 그래프(Knowledge Graph)와 Schema.org는 개방형 표준의 몇몇 예에 불과할 뿐이다(Pomerantz, 2015: 153~186).

참고문헌

Aamoth, D. (2014, June 9). Interview with Eugene Goostman, the Fake Kid Who Passed the Turing Test. *Time.* https://time.com/2847900/eugene-goostman-turing-test/

Aarts, E. and Wichert, R. (2009) Ambient Intelligence. In Bullinger, H. J. (ed.) *Technology Guide.* Springer, Berlin, Heidelberg. https://doi.org/10.1007/978-3-540-88546-7_47

Abokhodair, N., Yoo, D. & McDonald, D. W. (2015). Dissecting a Social Botnet: Growth, Content and Influence in Twitter. *Proceedings of the 18th ACM Conference on Computer Supported Cooperative Work & Social Computing*, 839–851. https://doi.org/10.1145/2675133.2675208

Abu Rajab, M., Zarfoss, J., Monrose, F. & Terzis, A. (2006). A Multifaceted Approach to Understanding the Botnet Phenomenon. *Proceedings of the 6th ACM SIGCOMM Conference on Internet Measurement*, 41–52. https://doi.org/10.1145/1177080.1177086

Adiwardana, D., Luong, M.-T., So, D. R., Hall, J., Fiedel, N., Thoppilan, R., Yang, Z., Kulshreshtha, A., Nemade, G., Lu, Y. & Le, Q. V. (2020). Towards a Human-like Open-Domain Chatbot. *ArXiv:2001.09977 [Cs, Stat].* http://arxiv.org/abs/2001.09977

Adiwardana, D. & Luong, T. (2020, January 28). Towards a Conversational Agent that Can Chat About … Anything. *Google AI Blog.* http://ai.googleblog.com/2020/01/towards-conversationalagent-that-can.html.

Agencies (2013, October 24). Samsung Fined in Taiwan for "Dirty Tricks" Campaign Against Smartphone Rival HTC. *Guardian.* https://www.theguardian.com/technology/2013/oct/24/samsung-fined-taiwan-campaign-against-smartphone-htc

Aiello, L. M., Deplano, M., Schifanella, R. & Ruffo, G. (2014). People are Strange When You're a Stranger: Impact and Influence of Bots on Social Networks. *ArXiv:1407.8134 [Physics].* http://arxiv.org/abs/1407.8134

Akrich, M. (1987). Comment decrire les objets techniques? *Techniques et culture*, 9, 49. https://halshs.archives-ouvertes.fr/halshs-00005830

Albayrak, A. & Parkinson, J. (2013, September 16). Turkey's Government Forms 6,000-Member Social Media Team. *Wall Street Journal.* https://online.wsj.com/article/SB10001424127887323527004579079151479634742.html

Alexander, L. (2015, April 2). Social Network Analysis Reveals Full Scale of Kremlin's Twitter Bot Campaign. *Global Voices.* https://globalvoices.org/2015/04/02/analyzing-kremlin-twitter-bots/

Alpaydin, E. (2016). *Machine Learning: The New AI.* MIT Press.

Ananny, M. & Finn, M. (2015). *Public News Bots? Creating Networked News Time in Automated Journalism.* Annual Meeting for the Society for the Social Studies of Science., Denver, CO.

Assenmacher, D., Clever, L., Frischlich, L., Quandt, T., Trautmann, H. & Grimme, C. (2020).

Demystifying Social Bots: On the Intelligence of Automated Social Media Actors. *Social Media + Society*, 6(3), 2056305120939264. https://doi.org/10.1177/205630512093 9264

Associated Press (2019). AP to Grow Major League Soccer Coverage with Automated Stories. *Associated Press*. https://www.ap.org/press-releases/2019/ap-to-grow-major-league -soccer-coverage-withautomated-stories

Backspace (2015). NYPD edits (@NYPDedits) /Twitter. *Twitter*. https://twitter.com/NYPDedits

Baker, V. (2015). Battle of the Bots. *Index on Censorship*, 44(2), 127–129. https://doi.org/ 10.1177/0306422015591470

BBC News (2014, June 9). Computer AI Passes Turing Test in "World First." https://www. bbc.com/news/technology-27762088

Benner, K., Mazzetti, M., Hubbard, B. & Isaac, M. (2018, October 20). Saudis' Image Makers: A Troll Army and a Twitter Insider. *New York Times*. https://www.nytimes.com/ 2018/10/20/us/politics/saudi-image-campaign-twitter.html

Bergstrom, C. T. & West, J. D. (2020). *Calling Bullshit: The Art of Skepticism in a Data-Driven World*. Random House.

Berners-Lee, T. (1998, September). Semantic Web Road Map. *World Wide Web Consortium*. https://www.w3.org/DesignIssues/Semantic.html

Berners-Lee, T., Hendler, J. & Lassila, O. (2001, May). The Semantic Web. *Scientific American*. https://doi.org/10.1038/scientificamerican0501-34

Bessi, A. & Ferrara, E. (2016). Social Bots Distort the 2016 US Presidential Election Online Discussion. *First Monday*, 21(11). https://doi.org/10.5210/fm.v21i11.7090

Bobrow, D., Kaplan, R., Kay, M., Norman, D., Thompson, H. S. & Winograd, T. (1977). GUS, A Frame-Driven Dialog System. *Artif. Intell.* https://doi.org/10.1016/0004-3702(77)90018-2

Booch, G. (2016). *Don't Fear Superintelligent AI*. https://www.ted.com/talks/grady_booch_ don_t_fear_superintelligent_ai

Borch, C. (2016). High-Frequency Trading, Algorithmic Finance and the Flash Crash: Reflections on Eventalization. *Economy and Society*, 45(3–4), 350–378. https://doi. org/10.1080/03085147.2016.1263034

Boshmaf, Y., Muslukhov, I., Beznosov, K. & Ripeanu, M. (2011). *The Socialbot Network: When Bots Socialize for Fame and Money*. 93–102. https://doi.org/10.1145/ 2076732.2076746

Bosker, B. (2014, June 9). Don't Believe the So-Called Turing Test Breakthrough / *HuffPost*. https://www.huffpost.com/entry/turing-test-eugene-goostman_n_5474457

botnerds (2020). Types of Bots: An Overview of Chatbot Diversity. botnerds.com. *Botnerds*. http://botnerds.com/types-of-bots/

BotSentinel.com (2020). *Bot Sentinel – About*. https://botsentinel.com/info/about

Bradshaw, S. & Howard, P. N. (2019). The Global Disinformation Order 2019 Global Inventory of Organised Social Media Manipulation (Working Paper 2019.2). Oxford Internet Institute. https://comprop.oii.ox.ac.uk/wp-content/uploads/sites/93/2019/ 09/CyberTroop-Report19.pdf

Brogan, P. (1993). *The Torturers' Lobby: How Human Rights-Abusing Nations Are Represented in Washington*. The Center for Public Integrity.

Brown, A. (2020, February 10). High-Frequency Trading Is Changing for the Better. *Bloomberg*. https://www.bloomberg.com/opinion/articles/2020-02-10/high-frequency-trading-is-changingfor-the-better

Brown, T. B., Mann, B., Ryder, N., Subbiah, M., Kaplan, J., Dhariwal, P., Neelakantan, A., Shyam, P., Sastry, G., Askell, A., Agarwal, S., Herbert-Voss, A., Krueger, G., Henighan, T., Child, R., Ramesh, A., Ziegler, D. M., Wu, J., Winter, C., … Amodei, D. (2020). Language Models are Few-Shot Learners. *ArXiv:2005.14165 [Cs]*. http://arxiv.org/abs/2005.14165

Bruner, J. (2016, June 15). Why 2016 is Shaping Up to Be the Year of the Bot. *O'Reilly Media*. https://www.oreilly.com/radar/why-2016-is-shaping-up-to-be-the-year-of-the-bot/

Bucher, T. (2014). About a Bot: Hoax, Fake, Performance Art. *M/C Journal*, 17(3), Article 3. https://doi.org/10.5204/mcj.814

Bulut, E. & Yoruk, E. (2017). Mediatized Populisms | Digital Populism: Trolls and Political Polarization of Twitter in Turkey. *International Journal of Communication*, 11(0), 25.

Bump, P. (2017, June 12). Analysis: Welcome to the Era of the 'Bot' as Political Boogeyman. *Washington Post*. https://www.washingtonpost.com/news/politics/wp/2017/06/12/welcome-to-the-era-of-the-bot-as-political-boogeyman/

Burgess, M. (2020, October 21). A Deepfake Porn Bot Is Being Used to Abuse Thousands of Women. *Wired*. https://www.wired.co.uk/article/telegram-deepfakes-deepnude-ai

Burling, S. (2012, June 15). CAPTCHA: The Story Behind Those Squiggly Computer Letters. https://phys.org/news/2012-06-captcha-story-squiggly-letters.html

Butler, W. (2019, January 17). What Happened to CongressEdits? The Thrilling Life and Untold Death of Twitter's Most Important Wikipedia Bot. *Wikipedian*. http://thewikipedian.net/2019/01/17/congressedits-twitter-suspended/

Callon, Michel (1986). *Mapping the Dynamics of Science and Technology: Sociology of Science in the Real World*. Macmillan Press.

Calo, R. (2014). Digital Market Manipulation. *George Washington Law Review*, 82, 995.

Castronova, E. (2005). *Synthetic Worlds The Business and Culture of Online Games*. University of Chicago Press.

Castronova, E. (2007). *Effects of Botting on World of Warcraft*. Indiana University. http://virtuallyblind.com/files/mdy/blizzard_msj_ exhibit_7.pdf

Ceruzzi, P. E. (2012). *Computing: A Concise History*. MIT Press

Chen, A. (2015, June 2). The Agency. *New York Times*. https://www.nytimes.com/2015/06/07/magazine/the-agency.html

Chi, C. (2021, February 22). 12 of the Best AI Chatbots for 2021. *Hubspot Blog*. https://blog.hubspot.com/marketing/best-ai-chatbot

Cisco Talos Intelligence (2020, October). Email and Spam Data. https://talosintelligence.com/reputation_center/email_rep

Clayton, M. (2014, June 17). Ukraine Election Narrowly Avoided "Wanton Destruction" from Hackers. *Christian Science Monitor*. https://www.csmonitor.com/World/Passcode/2014/0617/Ukraineelection-narrowly-avoided-wanton-destruction-from-hackers

Colby, K. M., Hilf, F. D., Weber, S. & Kraemer, H. C. (1972). Turing-Like Indistinguishability Tests for the Validation of a Computer Simulation of Paranoid Processes. *Artificial*

Intelligence, 3, 119–221.
Confessore, N., Dance, G. J. X., Harris, R. & Hansen, M. (2018, January 27). The Follower Factory. *New York Times*.
Cook, J. (2011a, August 1). Most of Newt Gingrich's Twitter Followers Are Fake. *Gawker*. http://gawker.com/5826645/most-of-newtgingrichs-twitter-followers-are-fake
Cook, J. (2011b, August 2). Update: Only 92% of Newt Gingrich's Twitter Followers Are Fake. *Gawker*. http://gawker.com/5826960/update-only-92-of-newt-gingrichs-twitter-followers-are-fake
Couldry, N. & Mejias, U. A. (2019). Data Colonialism: Rethinking Big Data's Relation to the Contemporary Subject. *Television & New Media*, 20(4), 336–349. https://doi.org/10.1177/1527476418796632
Cox, J. (2014, July 10). These Bots Tweet When Government Officials Edit Wikipedia. *Vice Motherboard*. https://www.vice.com/en/article/pgaka8/these-bots-tweet-when-government-officials-editwikipedia
Crawford, K. (2017, October 17). Artificial Intelligence – With Very Real Biases. *Wall Street Journal*. https://www.wsj.com/articles/artificial-intelligencewith-very-real-biases-1508252717
Cresci, S. (2020, October). A Decade of Social Bot Detection. *Communications of the ACM*. https://cacm.acm.org/magazines/2020/10/247598-a-decade-of-social-bot-detection/fulltext
Cresci, S., Di Pietro, R., Petrocchi, M., Spognardi, A. & Tesconi, M. (2017). The Paradigm-Shift of Social Spambots: Evidence, Theories, and Tools for the Arms Race. *Proceedings of the 26th International Conference on World Wide Web Companion – WWW '17 Companion*, 963–972. https://doi.org/10.1145/3041021.3055135
DataDome (2020, January 13). How to Protect your Gaming or Gambling Website from Bad Bots. *DataDome*. https://datadome. co/bot-management-protection/how-to-protect-your-gaminggambling-and-entertainment-sites-from-malicious-bots/
Davisson, A. & Booth, P. (2018). *Controversies in Digital Ethics*. Bloomsbury Publishing USA.
Deryugina, O. V. (2010). Chatterbots. *Scientific and Technical Information Processing*, 37(2), 143–147. https://doi.org/10.3103/S0147688210020097
Dewey, C. (2014, May 23). What Happens when @everyword Ends? *Washington Post*. https://www.washingtonpost.com/news/the-intersect/wp/2014/05/23/what-happens-when-everyword-ends/
Dhapola, S. (2021, January 25). How a Chatbot Helped Joe Biden Become US President. *The Indian Express*. https://indianexpress. com/article/technology/tech-news-technology/amplify-ai-chatbothow-it-helped-joe-biden-become-us-president-7157578/
DiResta, R. (2019, July 24). A New Law Makes Bots Identify Themselves – That's the Problem. *Wired*. https://www.wired.com/story/law-makes-bots-identify-themselves/
DiResta, R., Little, J., Morgan, J., Neudert, L.-M. & Nimmo, B. (2017, November 2). The Bots That Are Changing Politics. https://www.vice.com/en/article/mb37k4/twitter-facebook-googlebots-misinformation-changing-politics
Disawar, V. & Chang, J. (2021, December 31). Digital Organizing Tech: 2020 Investments and Learnings. *Medium*. https://vdisawar. medium.com
DoNotPay (2021). Save Time and Money with DoNotPay! *DoNotPay*. https://join.donotpay.

com
Dourish, P. (2004). *Where the Action Is: The Foundations of Embodied Interaction* (new edn.). MIT Press.
Dubbin, R. (2013, November 14). The Rise of Twitter Bots. *The New Yorker*. https://www.newyorker.com/tech/annals-of-technology/therise-of-twitter-bots
Dzieza, J. (2019, February 1). Why CAPTCHAs Have Gotten so Difficult. *The Verge*. https://www.theverge.com/2019/2/1/18205610/google-captcha-ai-robot-human-difficult-artificial-intelligence
Economist (2016, March 2). After Moore's Law. *Technology Quarterly*. https://www.economist.com/technology-quarterly/2016-03-12/after-moores-law
Economist (2020, August 6). Artificial Intelligence – A New AI Language Model Generates Poetry and Prose. *Science & Technology*. https://www.economist.com/science-and-technology/2020/08/06/a-new-ai-language-model-generates-poetry-and-prose
Edwards, C., Edwards, A., Spence, P. R. & Shelton, A. K. (2014). Is that a Bot Running the Social Media Feed? Testing the Differences in Perceptions of Communication Quality for a Human Agent and a Bot Agent on Twitter. *Computers in Human Behavior*, 33, 372–376. https://doi.org/10.1016/j.chb.2013.08.013
Elish, M. C. & Hwang, T. (2016, September 29). An AI Pattern Language. *Data & Society*. https://www.datasociety.net/pubs/ia/AI_ Pattern_Language.pdf
Elmer-Dewitt, P. (1993, December 6). Internet Article TIME International. *Time*. http://kirste.userpage.fu-berlin.de/outerspace/internet-article.html
Existor (2014, February 5). Deep Context Through Parallel Processing – *Existor*. https://www.existor.com/2014/02/05/deepcontext-through-parallel-processing/Federal Communications Commission (2020). FCC Proposes Nearly $13 Million Fine for Illegal Spoofed Robocalls. *FCC News*. https://docs.fcc.gov/public/attachments/DOC-362195A1.pdf
Fernandez, M. (2017, October 12). What it Means to Be an "Experimental Computer Poet." https://www.vice.com/en/article/8x8ppp/poetrytwitter-bots-best-twitter-bots-art-allison-parrish-everyword
Ferrara, E., Varol, O., Davis, C., Menczer, F. & Flammini, A. (2014). The Rise of Social Bots. https://doi.org/10.1145/2818717
Filipov, D. (2017, October 8). The Notorious Kremlin-Linked "Troll Farm" and the Russians Trying to Take it Down. *Washington Post*. https://www.washingtonpost.com/world/asia_pacific/the-notorious-kremlinlinked-troll-farm-and-the-russians-trying-to-take-it-down/2017/10/06/c8c4b160-a919-11e7-9a98-07140d2eed02_story.html
Fitzpatrick, K. K., Darcy, A. & Vierhile, M. (2017). Delivering Cognitive Behavior Therapy to Young Adults With Symptoms of Depression and Anxiety Using a Fully Automated Conversational Agent (Woebot): A Randomized Controlled Trial. *JMIR Mental Health*, 4(2), e7785. https://doi.org/10.2196/mental.7785
Flatow, I. (2011, April 22). Science Diction: The Origin Of The Word "Robot." In *Talk of the Nation*. NPR. https://www.npr.org/2011/04/22/135634400/science-diction-the-origin-of-the-wordrobot
Floridi, L. (2014). Artificial Agents and their Moral Nature. In *The Moral Status of Technical Artifacts* (pp. 185–213). https://doi.org/10.1007/978-94-007-7914-3_11

Floridi, L. (2016, January 25). Humans Have Nothing to Fear from Intelligent Machines. *Financial Times*. https://www.ft.com/content/9a6b6536-c372-11e5-808f-8231cd71622e

Foner, L. N. (1993). What's An Agent, Anyway? A Sociological Case Study. http://www.upv.es/sma/teoria/agentes/what%20is%20an%20 agent-foner.pdf

Foote, A. (2018, July 23). The Secret Internet War Over Bots. *Wired*. https://www.wired.com/story/scraper-bots-and-the-secret-internetarms-race/

Ford, H., Dubois, E. & Puschmann, C. (2016). Keeping Ottawa Honest – One Tweet at a Time? Politicians, Journalists, Wikipedians and Their Twitter Bots. *International Journal of Communication*, 10(0), 24.

Forelle, M., Howard, P., Monroy-Hernandez, A. & Savage, S. (2015). Political Bots and the Manipulation of Public Opinion in Venezuela. *ArXiv:1507.07109 [Physics]*. http://arxiv.org/abs/1507.07109

Fowler, Y. R. & Goodman, C. (2017, June 22). Opinion | How Tinder Could Take Back the White House. *New York Times*. https://www.nytimes.com/2017/06/22/opinion/how-tinder-could-take-back-thewhite-house.html

Francois, C. (2019). Actors, Behaviors, Content: A Disinformation ABC. *Transatlantic High Level Working Group on Content Moderation Online and Freedom of Expression*, 10.

Frystyk, H. (1994, July). *The Internet Protocol Stack*. https://www.w3.org/People/Frystyk/thesis/TcpIp.html

Fundamedios (2015, October 7). *Tres medios digitales sufren ataques tras publicar información sobre Hacking Team* – [Three Digital Media Outlets Attacked after Publishing Information about Hacking Team]. http://web.archive.org/web/20151002221332/https://www.fundamedios.org/alertas/tres-medios-digitales-sufren-ataques-traspublicar-informacion-sobre-hacking-team/

Gallagher, E. (2015, August 14). Mexican Botnet Dirty Wars. /v/camp2015-6795-mexican_botnet_dirty_wars

Gayed, J. (2019, April 25). How Building a Slack Bot Helped Us Send News Notifications. *NYT Open*. https://open.nytimes.com/how-buildinga-slack-bot-helped-us-send-news-notifications-f28c681a5b3b

Gehl, R. W. (2018). *Weaving the Dark Web Legitimacy on Freenet, Tor, and I2P*. MIT Press.

Geiger, R. S. (2014). Bots, Bespoke Code, and the Materiality of Software Platforms. *Information, Communication & Society*, 17(3), 342–356.

Geiger, R. S. (2018). The Lives of Bots. *ArXiv:1810.09590 [Cs]*. http://arxiv.org/abs/1810.09590

Gillespie, T. (2012). Can an Algorithm Be Wrong? *Limn*, *1*(2). http://escholarship.org/uc/item/0jk9k4hj

Glassman, M. (2020, August 27). Video Game Numbers Show an Industry's All-Out Growth. *Bloomberg Businessweek*. https://www.bloomberg.com/news/articles/2020-08-27/this-is-the-video-gameindustry-s-coronavirus-pandemic-boom-in-charts

Gleicher, N. (2018, December 6). Coordinated Inauthentic Behavior Explained. *About Facebook*. https://about.fb.com/news/2018/12/inside-feed-coordinated-inauthentic-behavior/

Google (2020a). Googlebot | Google Search Central. *Google Developers*. https://developers.

google.com/search/docs/advanced/crawling/googlebot
Google (2020b). How Google Search Works | Google Search Central. *Google Developers.* https://developers.google.com/search/docs/beginner/how-search-works
Gorwa, R. (2017a). Computational Propaganda in Poland: False Amplifiers and the Digital Public Sphere. Oxford Internet Institute, 32.
Gorwa, R. (2017b, October 23). Twitter Has a Serious Bot Problem and Wikipedia Might Have the Solution. Quartz. https://qz.com/1108092/twitter-has-a-serious-bot-problem-and-wikipedia-might-have-thesolution/
Gorwa, R. & Guilbeault, D. (2018). Unpacking the Social Media Bot: A Typology to Guide Research and Policy. *Policy & Internet*, 12(2), 225–248. https://doi.org/10.1002/poi3.184
GPT-3 (2020, September 8). A Robot Wrote this Entire Article. Are You Scared Yet, Human? / *GPT-3. Guardian.* http://www.theguardian.com/commentisfree/2020/sep/08/robot-wrote-this-article-gpt-3
Graham, L. (2016, March 30). Tay, Microsoft's AI Program, Is Back Online. *CNBC.* https://www.cnbc.com/2016/03/30/tay-microsoftsai-program-is-back-online.html
Gray, J., Srinet, K., Jernite, Y., Yu, H., Chen, Z., Guo, D., Goyal, S., Zitnick, C. L. & Szlam, A. (2019). CraftAssist: A Framework for Dialogue-Enabled Interactive Agents. Facebook AI. https://www.minecraftbot.com/
Griffith, E. & Simonite, T. (2018, January 8). Facebook's Virtual Assistant M Is Dead. So Are Chatbots. *Wired.* https://www.wired.com/story/facebooks-virtual-assistant-m-is-dead-so-are-chatbots/
Grimme, C., Preuss, M., Adam, L. & Trautmann, H. (2017). Social Bots: Human-Like by Means of Human Control? *ArXiv:1706.07624 [Cs].* http://arxiv.org/abs/1706.07624
Grossman, W. M. (1995, December 1). Alt.scientology.war. *Wired.* https://www.wired.com/1995/12/alt-scientology-war/
Gudivada, V. N., Raghavan, V. V., Grosky, W. I. & Kasanagottu, R. (1997). Information Retrieval on the World Wide Web. *IEEE Internet Computing*, 1(5), 56–68.
Guglielmi, G. (2020). The Next-Generation Bots Interfering with the US Election. *Nature*, 587(7832), 21–21. https://doi.org/10.1038/d41586-020-03034-5
Guilbeault, D. (2016). Growing Bot Security: An Ecological View of Bot Agency. *The International Journal of Communication*, 10, 5003–5021.
Gunkel, D. J. (2012). *The Machine Question: Critical Perspectives on AI, Robots, and Ethics.* MIT Press.
Guo, E. (2021, June 24). How YouTube's Rules Are Used to Silence Human Rights Activists. *MIT Technology Review.* https://www.technologyreview.com/2021/06/24/1027048/youtubexinjiang-censorship-human-rights-atajurt/
Guzman, A. (ed.). (2018). *Human–Machine Communication: Rethinking Communication, Technology, and Ourselves.* Peter Lang Publishing. https://doi.org/10.3726/b14399
Guzman, A. L. & Lewis, S. C. (2020). Artificial Intelligence and Communication: A Human–Machine Communication Research Agenda. *New Media & Society*, 22(1), 70–86. https://doi.org/10.1177/1461444819858691
Hall, D. (2019, December 10). The ELIZA Effect. *99% Invisible.* https://99percentinvisible.org/episode/the-eliza-effect/

Hao, K. (2020, August 14). A College Kid Created a Fake, AI-Generated Blog. It Reached #1 on Hacker News. *MIT Technology Review*. https://www.technologyreview.com/2020/08/14/1006780/ai-gpt-3-fake-blog-reached-top-of-hacker-news/

Haraway, D. (1991). *Simians, Cyborgs, and Women: The Reinvention of Nature*. Routledge: Taylor and Francis Group. https://www.routledge.com/Simians-Cyborgs-and-Women-The-Reinvention-of-Nature/Haraway/p/book/9780415903875

Hayati, P., Chai, K., Potdar, V. & Talevski, A. (2009). HoneySpam 2.0: Profiling Web Spambot Behaviour. *PRIMA*. https://doi. org/10.1007/978-3-642-11161-7_23

Hegelich, S. & Janetzko, D. (2016). Are Social Bots on Twitter Political Actors? Empirical Evidence from a Ukrainian Social Botnet. *Proceedings of the International AAAI Conference on Web and Social Media*, 10(1), Article 1. https://ojs.aaai.org/index.php/ICWSM/article/view/14764

Hepp, A. (2020). Artificial Companions, Social Bots and Work Bots: Communicative Robots as Research Objects of Media and Communication Studies. *Media, Culture & Society*, 42(7–8), 1410–1426. https://doi.org/10.1177/0163443720916412

Herman, E. & Chomsky, N. (2002). *Manufacturing Consent: The Political Economy of the Mass Media*. Pantheon Books.

Hern, A. (2015, February 12). Randomly Generated Tweet by Bot Prompts Investigation by Dutch police. *Guardian*. http://www.theguardian.com/technology/2015/feb/12/randomly-generatedtweet-by-bot-investigation-dutch-police

Hess, A. (2016, December 14). On Twitter, a Battle Among Political Bots. *New York Times*. http://www.nytimes.com/2016/12/14/arts/on-twitter-a-battle-among-political-bots.html

Hill, K. (2015, February 11). After Twitter Bot Makes Death Threat, its Owner gets Questioned by Police. *Splinter*. https://splinternews.com/after-twitter-bot-makes-death-threat-its-owner-gets-qu-1793845332

Hill, K. (2020, January 18). The Secretive Company That Might End Privacy as We Know It. *New York Times*. https://www.nytimes.com/2020/01/18/technology/clearview-privacy-facial-recognition.html

Hofstadter, D. (1995). *Fluid Concepts and Creative Analogies: Computer Models of the Fundamental Mechanisms of Thought*. Basic Books.

Howard, P. N., Ganesh, B., Liotsiou, D., Kelly, J. & Francois, C. (2018). The IRA, Social Media and Political Polarization in the United States, 2012–2018. *Computational Propaganda Research Project*. http://comprop.oii.ox.ac.uk/wp-content/uploads/sites/93/2018/12/IRA-Report-2018.pdf

Howard, P. N. & Kollanyi, B. (2016). Bots, #StrongerIn, and #Brexit: Computational Propaganda during the Uk–EU Referendum. *ArXiv:1606.06356 [Physics]*. http://arxiv.org/abs/1606.06356

Howard, P. N. & Parks, M. R. (2012). Social Media and Political Change: Capacity, Constraint, and Consequence. *Journal of Communication*, 62(2), 359–362. https://doi.org/10.1111/j.1460-2466.2012.01626.x

Howard, P. N., Woolley, S. & Calo, R. (2018). Algorithms, Bots, and Political Communication in the US 2016 Election: The Challenge of Automated Political Communication for Election Law and Administration. *Journal of Information Technology & Politics*,

15(2), 81–93. https://doi.org/10.1080/19331681.2018.1448735

Hughes, M. (2019, April 17). Bots Drove nearly 40% of Internet Traffic Last Year – And the Naughty Ones Are Getting Smarter. *The Next Web*. https://thenextweb.com/security/2019/04/17/botsdrove-nearly-40-of-internet-traffic-last-year-and-the-naughty-onesare-getting-smarter/

Hürriyet Daily News (2014, July 31). Turkey takes Record for Removal Requests from Twitter – *Turkey News*. https://www.hurriyetdailynews.com/turkey-takes-record-for-removal-requests-from-twitter-69843

Hürriyet Daily News (2017, September 20). Turkey Top Country Seeking Removal of Content on Twitter: Report. *Hürriyet Daily News*. https://www.hurriyetdailynews.com/turkey-top-countryseeking-removal-of-content-on-twitter-report-118172

Hutchins, J. (2003). ALPAC: The (In)Famous Report. *Readings in Machine Translation*, 131–136.

Hwang, T. (2018). Computational Power and the Social Impact of Artificial Intelligence (SSRN Scholarly Paper ID 3147971). *Social Science Research Network*. https://doi.org/10.2139/ssrn.3147971

Hwang, T., Pearce, I. & Nanis, M. (2012). Socialbots: Voices from the Fronts. *Interactions*, 19(2), 38–45.

Imperva (2020). Bad Bot Report Bad Bots Strike Back. https://www.imperva.com/resources/reports/Imperva_BadBot_Report_V2.0.pdf

Indiana University Center for Complex Networks and Systems Research (2011). Profile of the 2012 Presidential Candidates' Twitter Followers. *CNetS*. https://cnets.indiana.edu/groups/nan/truthy/statistical-profile-of-the-2012-presidential-candidates-twitterfollowers/

Indiana University Knowledge Base (2020, August 5). Web Search Robots. https://kb.iu.edu/d/aeub

Iovine, A. (2020, January 31). Inside the Future of Online Dating: AI Swiping and Concierge Bots. *Mashable*. https://mashable.com/article/tinder-hack-bot-ai-dating/

Isaacson, W. (2014). *The Innovators*. Simon & Schuster.

Jack, C. (2017). Lexicon of Lies: Terms for Problematic Information. *Data & Society*. https://datasociety.net/output/lexicon-of-lies/

Johnson, K. (2016, August 17). The Bot that Beat 170,000 Tickets Launches in Seattle Next Week, then San Francisco. *VentureBeat*. https://venturebeat.com/2016/08/17/the-bot-that-beat-170000-parking-tickets-launches-in-seattle-next-week-san-francisco-next/

Julia's Home Page (1994, July 10). http://www.lazytoad.com/lti/julia/

Jurafsky, D. & Martin, J. H. (2018). *Speech and Language Processing: An Introduction to Natural Language Processing, Computational Linguistics, and Speech Recognition* (3rd edn. draft). https://web. stanford.edu/~jurafsky/slp3/edbook_oct162019.pdf

Jurafsky, D. & Martin, J. H. (2020). *Chapter 24 Chatbots & Dialogue Systems (from Speech and Language Processing)*. https://web.stanford. edu/~jurafsky/slp3/24.pdf

Kasperkevic, J. (2015, April 22). Swiss police release robot that bought ecstasy online. *Guardian*. http://www.theguardian.com/world/2015/apr/22/swiss-police-release-robot-random-darknet-shopper-ecstasydeep-web

Kazemi, D. (2018, May 17). US grocer LeBron James's online delivery deal sends Ocado shares rocketing [Microblog]. *Twitter @TwoHeadlines*. https://twitter.com/TwoHeadlines/status/997131650348744704

Keefe, J., Thaker, A. & Kopf, D. (2019, May 16). Follow Indian politics with Quartz's Twitter bot. Quartz India. https://qz.com/india/1620249/introducing-the-india-political-watch-bot-on-twitter/

Keelan, J., Pavri, V., Balakrishnan, R. & Wilson, K. (2010). An analysis of the Human Papilloma Virus vaccine debate on MySpace blogs. *Vaccine*, 28(6), 1535–1540. https://doi.org/10.1016/j.vaccine.2009.11.060

Kelleher, J. & Tierney, B. (2018). *Data Science*. MIT Press.

Keller, F. B., Schoch, D., Stier, S. & Yang, J. (2020). Political Astroturfing on Twitter: How to Coordinate a Disinformation Campaign. *Political Communication*, 37(2), 256–280. https://doi.org/10.1080/10584609.2019.1661888

Keller, M. (2015, April 1). Mockingjay: A Smarter Repeater. *Source*. https://source.opennews.org/articles/mockingjay/

Kennedy, K. (2009). Textual Machinery: Authorial Agency and Bot-Written Texts in Wikipedia. In M. Smith & B. Warnick (eds.), *The Responsibilities of Rhetoric: Proceedings of the 2008 Rhetoric Society of America Conference*. Waveland Press.

Kiehl, C. (2012, March 23). *How to Build a Python Bot That Can Play Web Games*. Code Envato Tuts+. https://code.tutsplus.com/tutorials/how-to-build-a-python-bot-that-can-play-web-games-active-11117.

King, G., Pan, J. & Roberts, M. E. (2017). How the Chinese Government Fabricates Social Media Posts for Strategic Distraction, not Engaged Argument. *American Political Science Review*, *111*(3), 484–501.

Kolakowski, M. (2019, June 25). *How Robots Rule the Stock Market*. Investopedia. https://www.investopedia.com/news/how-robots-rulestock-market-spx-djia/

Kollanyi, B. (2016). Automation, Algorithms, and Politics | Where Do Bots Come From? An Analysis of Bot Codes Shared on GitHub. *International Journal of Communication*, 10(0), 20.

Kollanyi, B., Howard, P. N. & Woolley, S. C. (2016). Bots and Automation over Twitter during the US Election. *Project on Computational Propaganda*. http://blogs.oii.ox.ac.uk/politicalbots/wp-content/uploads/sites/89/2016/11/Data-Memo-US-Election.pdf

Kono, T. (2013). Extended Mind and After: Socially Extended Mind and Actor-Network. *Integrative Psychological and Behavioral Science*, 48(1), 48–60.

Koster, M. (n.d.). *Database of Web Robots, Overview*. Retrieved November 13, 2020, from http://webdoc.sub.gwdg.de/ebook/aw/1999/webcrawler/mak/projects/robots/active/html/index.html

Koster, M. (1994, June 30). *A Standard for Robot Exclusion*. http://www.robotstxt.org/orig.html

Koster, M. (1996, December 4). IETF Network Working Group, Internet Draft. https://www.robotstxt.org/norobots-rfc.txt

Krebs, B. (2012, March 12). Twitter Bots Target Tibetan Protests. *Krebs on Security*. https://krebsonsecurity.com/2012/03/twitter-botstarget-tibetan-protests/

Kung W. (2018a, September 26). *Shei dai fengxiang: Bei jinqian caonong de gonggong yulun zhanzheng* [Who's Driving Public Opinion: The Public Opinion War Being Manipulated by Money]. *The Reporter.* https://www.twreporter.org/a/disinformationmanufacturing-consent-the-political-economy

Kung W. (2018b, September 26). *Wang hong, jia zhanghao, suren anzhuang – Zhide xinlai de koubai xingxiao* [Internet Celebrities, Fake Accounts, regular people's dark pile – Trustworthy marketing companies?]. https://www.twreporter.org/a/disinformation manufacturing-consent-mom

Kushner, D. (2005, September 1). On the Internet, Nobody Knows You're a Bot. *Wired.* https://www.wired.com/2005/09/pokerbots/

LaFrance, A. (2017, January 31). The Internet Is Mostly Bots. *The Atlantic.* https://www.theatlantic.com/technology/archive/2017/01/bots-bots-bots/515043/

Lamo, M. & Calo, R. (2018). Regulating Bot Speech (SSRN Scholarly Paper ID 3214572). *Social Science Research Network.* https://papers. ssrn.com/abstract=3214572

Latour, B. (2007). *Reassembling the Social: An Introduction to Actor-Network-Theory.* Oxford University Press.

Latour, B. (2011). Network Theory| Networks, Societies, Spheres: Reflections of an Actor-network Theorist. *International Journal of Communication*, 5(0), 15.

Law, J. & Hassard, J. (1999). *Actor Network Theory and After* (1st edn.). Wiley-Blackwell.

Lee, E., Woo, J., Kim, H., Mohaisen, A. & Kim, H. K. (2016). You are a Game Bot!: Uncovering Game Bots in MMORPGs via Self-Similarity in the Wild. *Proceedings 2016 Network and Distributed System Security Symposium.* Network and Distributed System Security Symposium, San Diego, CA. https://doi.org/10.14722/ndss.2016.23436

Lee, P. (2016, March 25). Learning from Tay's Introduction. *The Official Microsoft Blog.* https://blogs.microsoft.com/blog/2016/03/25/learning-tays-introduction/

Lee, S. (2018, July 20). Venmo a Friend about "drugs" or "Sex" and this Twitter Bot Will Rat You Out. *Mercury News.* https://www.mercurynews.com/2018/07/20/venmo-a-friend-about-drugs-orsex-and-this-twitter-bot-will-rat-you-out/

Lefkowitz, M. (2019, September 25). *Professor's Perceptron Paved the Way for AI – 60 Years Too Soon.* Cornell Chronicle. https://news.cornell.edu/stories/2019/09/professors-perceptron-pavedway-ai-60-years-too-soon

Leonard, A. (1996, April 1). Bots Are Hot! *Wired.* https://www.wired. com/1996/04/netbots/

Leonard, A. (1997). Bots: The Origin of New Species. *HardWired.*

Lewis, S. C., Guzman, A. L. & Schmidt, T. R. (2019). Automation, Journalism, and Human–Machine Communication: Rethinking Roles and Relationships of Humans and Machines in News. *Digital Journalism*, 7(4), 409–427. https://doi.org/10.1080/21670811.2019.1577147

Lewis, S. C., Sanders, A. K. & Carmody, C. (2019). Libel by Algorithm? Automated Journalism and the Threat of Legal Liability. *Journalism & Mass Communication Quarterly*, 96(1), 60–81. https://doi. org/10.1177/1077699018755983

Lewis-Kraus, G. (2016, December 14). The Great A.I. Awakening. *New York Times.* https://www.nytimes.com/2016/12/14/magazine/the-great-ai-awakening.html

Lighthill, J. (1972). *Artificial Intelligence: A General Survey.* http://www.chilton-computing.

org.uk/inf/literature/reports/lighthill_report/p001.htm
Liu J. C. H. (2019, December 25). *Zhuanfang zhengzhi guwen gongsi Autopolitic chuangbanren du yuan fu shuchu taiwan zhengtan shengxuang fangchengshi, ta dao dongnanya maicelve: Wo shi ceshi minzhu de bingdu* [Exclusive interview with founder of political consulting company Autopolitic Du Yuanfu. Exporting the equation of how to win an election, he travels to southeast asia to "sell strategies": I'm testing democracy's viruses]. https://www.twreporter.org/a/information-warfare-business-interviewautopolitic-roger-do
Live Bitcoin News (2018, August 14). A Boost for Businesses and AI Growth as hCaptcha Launches in China. https://www.livebitcoinnews.com/boost-for-businesses-and-ai-growth-as-hcaptcha-launches-in-china/
Lokot, T. & Diakopoulos, N. (2015). News Bots: Automating News and Information Dissemination on Twitter. *Digital Journalism*, 1–18. https://doi.org/10.1080/21670811.2015.1081822
Lokot, T. & Diakopoulos, N. (2016). News Bots. *Digital Journalism*, 4(6), 682–699. https://doi.org/10.1080/21670811.2015.1081822
Long, K., Vines, J., Sutton, S., Brooker, P., Feltwell, T., Kirman, B., Barnett, J. & Lawson, S. (2017). "Could You Define That in Bot Terms"? Requesting, Creating and Using Bots on Reddit. *Proceedings of the 2017 CHI Conference on Human Factors in Computing Systems*, 3488–3500. https://doi.org/10.1145/3025453.3025830
Lugrin, B., Prendinger, H., Andre, E. & Ishizuka, M. (2008). Creating and Scripting Second Life Bots Using MPML3D. 492–493. https://doi.org/10.1007/978-3-540-85483-8_58
Luhn, A. (2015, May 12). Boris Nemtsov Report on Ukraine to be Released by Dead Politician's Allies. *Guardian*. https://www.theguardian.com/world/2015/may/12/boris-nemtsov-report-onukraine-to-be-released-by-dead-politicians-allies
Luke, A. (2018). Digital Ethics Now. *Language and Literacy*, 20(3), 185–198. https://doi.org/10.20360/langandlit29416
Mac, R., Haskins, C. & McDonald, L. (2020, February 27). Clearview's Facial Recognition App Has Been Used By The Justice Department, ICE, Macy's, Walmart, And The NBA. *BuzzFeed News*. https://www.buzzfeednews.com/article/ryanmac/clearview-ai-fbi-ice-global-law-enforcement
McCullough, W. & Pitts, W. (1943). A Logical Calculus of the Ideas Immanent in Neuron Activity. *Bulletin of Mathematical Biophysics*, 5, 115–133.
McCurry, J. (2017, August 4). South Korea Spy Agency Admits Trying to Rig 2012 Presidential Election. *Guardian*. http://www.theguardian.com/world/2017/aug/04/south-koreas-spy-agencyadmits-trying-rig-election-national-intelligence-service-2012
McKelvey, F. (2018). *Internet Daemons: Digital Communications Possessed*. University of Minnesota Press.
McKelvey, F. & Dubois, E. (2017). Computational Propaganda in Canada: The Use of Political Bots. *Project on Computational Propaganda*, Working Paper 2017.6, 32.
MacKenzie, D. (2008). *An Engine, Not a Camera: How Financial Models Shape Markets* (1st edn.). MIT Press.
Maes, P. (1994). Agents That Reduce Work and Information Overload. *Communications of the ACM*, 37(7), 30–40. https://doi. org/10.1145/176789.176792

Magueresse, A., Carles, V. & Heetderks, E. (2020). Low-Resource Languages: A Review of Past Work and Future Challenges. *ArXiv:2006.07264 [Cs]*. http://arxiv.org/abs/2006.07264

Mannes, J. (2019, July 12). DoNotPay Launches 1,000 New Bots to Help You with Your Legal Problems. *TechCrunch*. http://social.techcrunch.com/2017/07/12/donotpay-launches-1000-new-bots-tohelp-you-with-your-legal-problems/

Marcus, G. (2014, June 9). What Comes After the Turing Test? *The New Yorker*. https://www.newyorker.com/tech/annals-of-technology/what-comes-after-the-turing-test

Marie del Prado, G. (2015). Researchers Say the Turing Test is Almost Worthless. *Business Insider*. https://www.businessinsider.com/ai-researchers-arent-trying-to-pass-the-turing-test-2015-8

Markoff, J. (2008, August 12). Before the Gunfire, Cyberattacks. *New York Times*. https://www.nytimes.com/2008/08/13/technology/13cyber.html

Markoff, J. (2009, March 28). Vast Spy System Loots Computers in 103 Countries. *New York Times*. https://www.nytimes.com/2009/03/29/technology/29spy.html

Markoff, J. (2015). *Machines of Loving Grace: The Quest for Common Ground between Humans and Robots*. Ecco.

Markov, A. (1913). Essai d'une recherche statistique sur le texte du roman "Eugene Onegin" illustrant la liaison des epreuve en chain ("Example of a statistical investigation of the text of "Eugene Onegin" illustrating the dependence be-tween samples in chain"). *Izvistia Imperatorskoi Akademii Nauk (Bulletin de l'Acade´mie Impe´riale Des Sciences de St.-Pe´tersbourg)*, *7*, 153–162.

Massanari, A. (2016). *Contested Play: The Culture and Politics of Reddit Bots*. Routledge.

Maus, G. (2017). A Typology of Socialbots (Abbrev.). *Proceedings of the 2017 ACM on Web Science Conference*, 399–400. https://doi. org/10.1145/3091478.3098860

Merrill, J. B. (2020, January 22). Exposing Alleged Corruption with Universal Sentence Encoder and Annoy. Quartz AI Studio. https://qz.ai/exposing-alleged-corruption-with-universal-sentence-encoderand-annoy/

Metz, C. (2020, November 24). Meet GPT-3. It Has Learned to Code (and Blog and Argue). *New York Times*. https://www.nytimes.com/2020/11/24/science/artificial-intelligence-ai-gpt3.html

Microsoft. (2016a). *TayTweets (@TayandYou) on Twitter*. Twitter. https://twitter.com/TayandYou

Microsoft (2016b). *Zo (@zochats) /Twitter*. Twitter. https://twitter. com/zochats

Miller, C. (2007). What Can Automation Tell Us About Agency? *Rhetoric Society Quarterly*, 37(2), 137–157. https://doi.org/10.1080/02773940601021197

Mims, C. (2010, November 2). Chatbot Wears Down Proponents of Anti-Science Nonsense. *MIT Technology Review*. https://www.technologyreview.com/2010/11/02/261287/chatbot-wears-downproponents-of-anti-science-nonsense/

Mims, C. (2014, July 27). Advertising's New Frontier: Talk to the Bot. *Wall Street Journal*. https://online.wsj.com/articles/advertisingsnew-frontier-talk-to-the-bot-1406493740

Mims, C. (2017, November 12). Without Humans, Artificial Intelligence Is Still Pretty Stupid. *Wall Street Journal*. https://www.wsj.com/articles/without-humans-artificial-intelligence-isstill-pretty-stupid-1510488000

Monaco, N. (2017). Computational Propaganda in Taiwan: Where Digital Democracy Meets Automated Autocracy. *Project on Computational Propaganda*, 32.
Monaco, N. (2019a, November 23). Welcome to the Party: A Data Analysis of Chinese Information Operations CN. *Medium*. https://medium.com/digintel/welcome-to-the-party-a-data-analysis-ofchinese-information-operations-6d48ee186939
Monaco, N. (2019b, November 29). #DemDebates Data: Hashtag Hijacking, Antivax Disinfo, Cyborgs and Godmen. *Medium*. https://medium.com/digintel/demdebates-data-hashtag-hijacking-antivaxdisinfo-cyborgs-and-godmen-44818dea089d
Monaco, N. & Arnaudo, D. (2020, May 28). Data Analytics for Social Media Monitoring. National Democratic Institute. https://www.ndi.org/publications/data-analytics-social-media-monitoring
Monaco, N. & Nyst, C. (2018, July). State-Sponsored Trolling: How Governments Are Deploying Disinformation as Part of Broader Digital Harassment Campaigns. Institute for the Future. http://www.iftf.org/statesponsoredtrolling
Monaco, N., Smith, M. & Studdart, A. (2020, August). Detecting Digital Fingerprints: Tracing Chinese Disinformation in Taiwan. Institute for the Future. https://www.iftf.org/disinfo-in-taiwan
Monaco, N. & Woolley, S. (2017, November 13). Reactions & Regulation in the Age of Computational Propaganda. *The Ripon Society*. http://www.riponsociety.org/article/reactions-regulation-in-theage-of-computational-propaganda/
Monaco, N. & Woolley, S. (2019). Natural Language Processing and Global Development: A Future-Focused Primer. Framing paper for Convening, University of Texas at Austin. https://www.rtachesn.org/wp-content/uploads/2019/09/Framing-papers_Combinedfinal.pdf
Moor, J. H. (2003). Turing Test. In *Encyclopedia of Computer Science* (pp. 1801–1802). John Wiley and Sons Ltd. Morales, E. (2020, November 24). The State of Instagram Bots in 2020 & the Most Effective Bot Companies Right Now. *Medium*. https://medium.com/better-marketing/the-state-of-instagrambots-in-2020-eb03fd7de30
Morozov, E. (2010). Think Again: The Internet. *Foreign Policy*. https://foreignpolicy.com/2010/04/26/think-again-the-internet/
Mottet, J. (2019, June 20). Let's Create an Instagram Bot to Show You the Power of Selenium! *Medium*. https://medium.com/better-programming/lets-create-an-instagram-bot-to-show-youthe-power-of-selenium-349d7a6744f7
Mozilla (2017, June 6). New Mozilla Poll: Americans from Both Political Parties Overwhelmingly Support Net Neutrality. The Mozilla Blog. https://blog.mozilla.org/blog/2017/06/06/new-mozilla-pollamericans-political-parties-overwhelmingly-support-net-neutrality
Muller, P. (2019, April 23). Winning Against Bots: How Gaming Apps Can Fight Back. *VentureBeat*. https://venturebeat.com/2019/04/23/winning-against-bots-how-gaming-apps-can-fight-back/
Munger, K., Bonneau, R., Nagler, J. & Tucker, J. A. (2019). Elites Tweet to Get Feet Off the Streets: Measuring Regime Social Media Strategies During Protest. *Political Science Research and Methods*, *7*(4), 815–834. https://doi.org/10.1017/psrm.2018.3
Myers, A. (2017, November 30). Artificial Intelligence Index Tracks Emerging Field. *Stanford*

News. https://news.stanford.edu/2017/11/30/artificial-intelligence-index-tracks-emerging-field/

Nardi, B. (1995). Studying Context: A Comparison of Activity Theory, Situated action Models, and Distributed Cognition. In *Context and Consciousness: Activity Theory and Human-Computer Interaction* (pp. 69-96). MIT Press.

Neff, G. & Nagy, P. (2016a). Talking to Bots: Symbiotic Agency and the Case of Tay. *International Journal of Communication*, 10(Special Issue), 20.

Neff, G. & Nagy, P. (2016b). Automation, Algorithms, and Politics| Talking to Bots: Symbiotic Agency and the Case of Tay. *International Journal of Communication*, 10(0), 17.

Nemtsov, B. & Bremmer, I. (2000, January 5). Opinion | Russia's Best Bet (Published 2000). *New York Times.* https://www.nytimes.com/2000/01/05/opinion/russia-s-best-bet.html

Neudert, L.-M. (2018, August 22). Future Elections May be Swayed by Intelligent, Weaponized Chatbots. *MIT Technology Review.* https://www.technologyreview.com/2018/08/22/104087/future-electionsmay-be-swayed-by-intelligent-weaponized-chatbots/

New York Times (1958, July 8). New Navy Device Learns By Doing; Psychologist Shows Embryo of Computer Designed to Read and Grow Wiser. https://www.nytimes.com/1958/07/08/archives/new-navy-device-learns-by-doing-psychologist-shows-embryo-of.html

Newitz, A. (2015, August 26). Almost None of the Women in the Ashley Madison Database Ever Used the Site [Updated]. *Gizmodo.* https://gizmodo.com/almost-none-of-the-women-in-the-ashleymadison-database-1725558944

Nguyen, M.-H. (2020, January 28). How Customer Service Chatbots and Virtual Assistant Bots Are Providing Key Customer Support Functions. *Business Insider.* https://www.businessinsider.com/customer-service-support-chatbots

Nimmo, B., Eib, C. S., Tamora, L., Johnson, K., Smith, I., Buziashvili, E., Kann, A., Karan, K., Rosas, E. P. de L. & Rizzuto, M. (2019, December 20). #OperationFFS: Fake Face Swarm. https://graphika. com/reports/operationffs-fake-face-swarm/

Noble, S. (2018). *Algorithms of Oppression: How Search Engines Reinforce Racism.* New York University Press.

Oberquelle, H., Kupka, I. & Maass, S. (1983). A View of Human-Machine Communication and Co-operation. *International Journal of Man-Machine Studies*, 19(4), 309-333. https://doi.org/10.1016/S0020-7373(83)80057-1

O'Brien, F. (2020, October 7). Developing for the Semantic Web. *Smashing Magazine.* https://www.smashingmagazine.com/2020/10/developing-semantic-web/

Office of the Director of National Intelligence (ODNI) (2021). Assessing the Saudi Government's Role in the Killing of Jamal Khashoggi. http://web.archive.org/web/20210226180954/https://www.odni.gov/files/ODNI/documents/assessments/Assessment-Saudi-Gov-Role-in-JK-Death-20210226.pdf

Ohno, J. (2018, February 8). How Bots Were Born From Spam. *Medium.* https://enkiv2.medium.com/how-bots-were-born-fromspam-62f6c621351f

Olanaff, D. & Constine, J. (2015, August 26). Facebook Is Adding a Personal Assistant Called

"M" to Your Messenger App. *TechCrunch*. https://social.techcrunch.com/2015/08/26/facebook-is-adding-apersonal-assistant-called-m-to-your-messenger-app/
Online Etymology Dictionary (n.d.). *Origin and Meaning of Robot*. https://www.etymonline.com/word/robot
O'Reilly, T. (2005, September 30). *What Is Web 2.0?* https://oreilly. com{file}
Osborne, C. (2019, April 17). Bad Bots Now Make Up 20 Percent of Web Traffic. ZDNet. https://www.zdnet.com/article/bad-bots-focuson-financial-targets-make-up-20-percent-of-web-traffic/
Park, A. & Wang, J. (2020). Did Trading Bots Resurrect the CAPM? (SSRN Scholarly Paper ID 3515635). *Social Science Research Network*. https://doi.org/10.2139/ssrn.3515635
Parrish, A. (2015). *@everyword: The Book*. Instar Books. https://www.instarbooks.com/books/everyword.html
Parrish, A. (2016, February 26). Bots: A Definition and Some Historical Threads. *Points: Data and Society*. https://points.datasociety.net/bots-a-definition-and-some-historical-threads-47738c8ab1ce
Peiser, J. (2019, February 5). The Rise of the Robot Reporter. *New York Times*. https://www.nytimes.com/2019/02/05/business/media/artificial-intelligence-journalism-robots.html
Phan, T. T. (2021, January 10). Why Genies Partnered with Unity to Build its 3D Avatar World. *The Hustle*. https://thehustle.co/why-genies-partnered-with-unity-to-build-its-3d-avatar-world/
Pierce, J. & Carroll, J. (1966). Language and Machines: Computers in Translation and Linguistics. Automatic Language Processing Advisory Committee (ALPAC). http://www.mt-archive.info/ALPAC-1966.pdf
Poibeau, T. (2017). *Machine Translation*. MIT Press.
Pomerantsev, P. (2014). Nothing Is True and Everything Is Possible: The Surreal Heart of the New Russia. *PublicAffairs*.
Pomerantsev, P. (2019). This is Not Propaganda: Adventures in the War against Reality. *PublicAffairs*.
Pomerantz, J. (2015). *Metadata*. MIT Press.
Porr, L. (2020, August 3). My GPT-3 Blog Got 26 Thousand Visitors in 2 Weeks. https://liamp.substack.com/p/my-gpt-3-blog-got-26-thousand-visitors
Poulsen, K. (2019, February 10). Inside the Secret Facebook War for Mormon Hearts and Minds. *The Daily Beast*. https://www.thedailybeast.com/inside-the-secret-facebook-war-for-mormonhearts-and-minds
Preece, J., Rogers, Y., Sharp, H., Benyon, D., Holland, S. & Carey, T. (1994). *Human-Computer Interaction*. Addison-Wesley Longman Ltd.
Prist, A. (2019, June 10). Conversational AI: How do Chatbots Work? *Medium*. https://medium.com/voiceui/conversational-ai-how-dochatbots-work-4f1bfd069013
Probyn, A. & Doran, M. (2020, September 13). *China's Mass Surveillance of 35,000 Australians Revealed*. ABC News (Australian Broadcasting Corporation). https://www.abc.net.au/news/2020-09-14/chinesedata-leak-linked-to-military-names-australians/12656668
Qtiesh, A. (2011, April 18). Spam Bots Flooding Twitter to Drown Info About #Syria Protests

[Updated]. Global Voices Advocacy. https://advox.globalvoices.org/2011/04/18/spam-botsflooding-twitter-to-drown-info-about-syria-protests/
Quartz (2020). Quartz AI Studio. https://qz.ai Rasmussen, T. (2017, June 15). There Was a Tinder Election Bot Fanning the Fire of the Youth Vote. *I-D.* https://i-d.vice.com/en_uk/article/3kd87w/general-election-tinder-bot-youth-vote
Ratkiewicz, J., Conover, M., Meiss, M., Goncalves, B., Patil, S., Flammini, A. & Menczer, F. (2011). Detecting and Tracking the Spread of Astroturf Memes in Microblog Streams. *Proceedings of the 20th International Conference Companion on World Wide Web - WWW '11*, 249. https://doi.org/10.1145/1963192.1963301
Read, M. (2018, December 26). How Much of the Internet Is Fake? *New York Magazine Intelligencer.* https://nymag.com/intelligencer/2018/12/how-much-of-the-internet-is-fake.html
Reguillo, R. & Maloof, J. R. (2015, May 12). Asi es la violencia en Twitter para censurar a la disidencia en Mexico. *SinEmbargo.* http://www.sinembargo.mx/12-05-2015/1342702
Reilly, J. (2010, October 7). World of Warcraft Reaches 12 Million Subscribers - IGN. *IGN.* https://www.ign.com/articles/2010/10/07/world-of-warcraft-reaches-12-million-subscribers
Reynolds, M. (2016, March 31). Microsoft is Betting that Bots "Are the New Apps." *Wired UK.* https://www.wired.co.uk/article/microsoft-build-bots-ai-cortana-keynote-conference
Ries, B. (2014, December 10). Senate Staffer Tries to Scrub "Torture" Reference from Wikipedia's CIA Torture Article. *Mashable.* https://mashable.com/2014/12/10/senate-wikipedia-torture-report/
Rivera, J. (2020, July 10). How Good Are You at Spotting Bots on Dating Apps? *USA TODAY.* https://www.usatoday.com/story/tech/2020/07/10/dating-app-bots-learn-how-spot-them-beforeswiping/5406539002/
Roberts, M. (2020). *Censored: Distraction and Diversion Inside China's Great Firewall.* Princeton University Press.
Roberts, S. (2020, June 16). Who's a Bot? Who's Not? *New York Times.* https://www.nytimes.com/2020/06/16/science/social-media-botskazemi. html
Robertson, J., Riley, M. & Willis, A. (2016, March 31). How to Hack an Election. *Bloomberg.Com.* https://www.bloomberg.com/features/2016-how-to-hack-an-election/
Rodriguez-Gomez, R. A., Macia-Fernandez, G. & Garcia-Teodoro, P. (2013). Survey and Taxonomy of Botnet Research Through Life-Cycle. *ACM Computing Surveys*, 45(4), 45:1-45:33. https://doi. org/10.1145/2501654.2501659
Rosenblatt, F. (1958). The Perceptron: A Probabilistic Model for Information Storage and Organization in the Brain. *Psychological Review*, 65(6), 385-407. https://doi.org/10.1037/h0042519
Roth, A. (2018, December 12). "Hi-Tech Robot" at Russia Forum Turns Out to Be Man in Suit. *Guardian.* http://www.theguardian.com/world/2018/dec/12/high-tech-robot-at-russia-forum-turnsout-to-be-man-in-robot-suit
Sample, I. & Hern, A. (2014, June 9). Scientists Dispute Whether Computer "Eugene Goostman" Passed Turing Test. *Guardian.* http://www.theguardian.com/technology/2014/jun/09/scientistsdisagree-over-whether-turing-test-has-been-passed.
Sanger, D. E. (2019). *The Perfect Weapon: War, Sabotage, and Fear in the Cyber Age.*

Crown.
Sang-Hun, C. (2013, November 21). Prosecutors Detail Attempt to Sway South Korean Election. *New York Times.* https://www.nytimes. com/2013/11/22/world/asia/prosecutors-detail-bid-to-sway-southkorean-election.html
Sang-Hun, C. (2017, August 30). Former South Korean Spy Chief Sentenced for Trying to Sway Election. *New York Times.* https://www.nytimes.com/2017/08/30/world/asia/south-korea-spy-chiefsentenced. html
Sanovich, S. (2017). Computational Propaganda in Russia: The Origins of Digital Misinformation. Oxford Internet Institute. https://www.oii.ox.ac.uk/blog/computational-propaganda-in-russiathe-origins-of-digital-misinformation/
Savage, S., Monroy-Hernandez, A. & Hollerer, T. (2015). Botivist: Calling Volunteers to Action Using Online Bots. https://doi. org/10.1145/2818048.2819985
Sawers, P. (2019, January 29). Alphabet's Jigsaw Expands Project Shield DDoS Protection to European Political Bodies. *VentureBeat.* https://venturebeat.com/2019/01/28/alphabets-jigsaw-expandsproject-shield-ddos-protection-to-european-political-bodies/
SCF (2020, July 6). Turkey Made Highest Number of Removal Requests to Twitter in 2019, Report Shows. Stockholm Center for Freedom. https://stockholmcf.org/turkey-made-highest-number-ofremoval-requests-to-twitter-in-2019-report-shows/
Schneiderman, B. & Plaisant, C. (2009). *Designing the User Interface: Strategies for Effective Human-Computer Interaction* (5th edn.). Pearson.
Schreckinger, B. (2016, September 30). Inside Trump's "Cyborg" Twitter Army. *Politico.* https://www.politico.com/story/2016/09/donald-trump-twitter-army-228923
Scott-Railton, J., Marczak, B., Razzak, B. A., Crete-Nishihata, M. & Deibert, R. (2017, June 19). Reckless Exploit: Mexican Journalists, Lawyers, and a Child Targeted with NSO Spyware. *The Citizen Lab.* https://citizenlab.ca/2017/06/reckless-exploit-mexico-nso/
Searle, J. R. (1980). Minds, Brains, and Programs. *Behavioral and Brain Sciences*, 3(3), 417–424. https://doi.org/10.1017/S0140525X00005756
Serban, I. V., Lowe, R., Henderson, P., Charlin, L. & Pineau, J. (2017). A Survey of Available Corpora for Building Data-Driven Dialogue Systems. *ArXiv:1512.05742 [Cs, Stat].* http://arxiv.org/abs/1512.05742
Shachtman, N. (2009, March 11). Kremlin Kids: We Launched the Estonian Cyber War. *Wired.* https://www.wired.com/2009/03/prokremlin-gro/
Sharkey, N. (2012, June 20). Alan Turing: The Experiment that Shaped Artificial Intelligence. BBC News. https://www.bbc.com/news/technology-18475646
Shepard, A. (2017, September 29). Tay Scandal Taught Us to Take Accountability, Says Microsoft CEO. *IT Pro.* https://www.itpro. com/strategy/29592/tay-scandal-taught-us-to-take-accountabilitysays-microsoft-ceo
Shuler, R. (2002). How Does the Internet Work? https://web. stanford.edu/class/msande91si/www-spr04/readings/week1/InternetWhitepaper.htm
Silverman, C., Lytvynenko, J. & Kung, W. (2020, January 6). Disinformation for Hire: How a New Breed of PR Firms Is Selling Lies Online. *BuzzFeed News.* https://www.buzzfeednews.com/article/craigsilverman/disinformation-for-hire-black-pr-firms
Singel, R. (2018). Filtering Out the Bots: What Americans Actually Told the FCC about Net

Neutrality Repeal. *Stanford Center for Internet and Society (CiS).* https://cyberlaw.stanford.edu/files/blogs/FilteringOutTheBotsUniqueNetNeutralityComments.pdf

Singletary, M. & Shin, Y. (2020, May 22). Ask Your Retirement Questions to Our Michelle Singletary Bot. *Washington Post.* https://www.washingtonpost.com/graphics/2020/business/retirement-planning-bot/

Soldatov, A. & Borogan, I. (2015). The Red Web: The Struggle between Russia's Digital Dictators and the New Online Revolutionaries (First). *PublicAffairs.*

Solon, O. (2016, November 11). Facebook's Fake News: Mark Zuckerberg Rejects "Crazy Idea" that it Swayed Voters. *Guardian.* http://www.theguardian.com/technology/2016/nov/10/facebook-fake-news-us-election-mark-zuckerberg-donald-trump

Spektor, F., Rodriguez, E., Shorey, S. & Fox, S. (2021, June). Discarded Labor: Countervisualities for Representing AI Integration in Essential Work. Conference on Designing Interactive Systems 2021: 406–419.

Spencer, R. (2014, June 4). Creator of @everyword Explains the Life and Death of a Twitter Experiment. *Guardian.* http://www.theguardian.com/culture/2014/jun/04/everyword-twitter-ends-adam-parrishenglish-language

Stieglitz, S., Brachten, F., Ross, B. & Jung, A.-K. (2017). Do Social Bots Dream of Electric Sheep? A Categorisation of Social Media Bot Accounts. https://arxiv.org/abs/1710.04044v1

Stoppard, L. (2018, August 3). Inside The Spinner: A Real-Life Inception Project. *Financial Times.* https://www.ft.com/content/944d068c-8a99-11e8-affd-da9960227309

Streams, K. (2012, December 6). Anonymous "Operation Payback" Hackers Convicted for Costly DDoS Attacks. *The Verge.* https://www.theverge.com/2012/12/6/3735622/anonymous-convictionchristopher-weatherhead-operation-payback

Stukal, D., Sanovich, S., Bonneau, R. & Tucker, J. A. (2017). Detecting Bots on Russian Political Twitter. *Big Data*, 5(4), 310–324. https://doi.org/10.1089/big.2017.0038

Stukal, D., Sanovich, S., Tucker, J. A. & Bonneau, R. (2019). For Whom the Bot Tolls: A Neural Networks Approach to Measuring Political Orientation of Twitter Bots in Russia. *SAGE Open*, 9(2), 2158244019827715. https://doi.org/10.1177/2158244019827715

Stukal, D., Sanovish, S., Tucker, J. A. & Bonneau, R. (2020). *Bots for Autocrats: How Pro-Government Bots Fight Opposition in Russia.* New York University Center for Social Media and Politics. https://sanovich.com/Bots_for_Autocrats_Stukal_Sanovich_Bonneau_Tucker.pdf

Subrahmanian, V. S., Azaria, A., Durst, S., Kagan, V., Galstyan, A., Lerman, K., Zhu, L., Ferrara, E., Flammini, A., Menczer, F., Stevens, A., Dekhtyar, A., Gao, S., Hogg, T., Kooti, F., Liu, Y., Varol, O., Shiralkar, P., Vydiswaran, V., … Hwang, T. (2016). The DARPA Twitter Bot Challenge. *Computer*, 49(6), 38–46. https://doi.org/10.1109/MC.2016.183

Suchman, L. (2006). *Human-Machine Reconfigurations: Plans and Situated Actions* (2nd edn.). Cambridge University Press.

Sullivan, D. (2020, May 20). *A Reintroduction to Our Knowledge Graph and Knowledge Panels.* Google. https://blog.google/products/search/about-knowledge-graph-and-knowledge-panels/

Summers, E. & Punzalan, R. (2017). Bots, Seeds and People: Web Archives as Infrastructure. *Proceedings of the 2017 ACM Conference on Computer Supported Cooperative Work and Social Computing*, 821–834. https://doi.org/10.1145/2998181.2998345

Sundman, J. (2003, February 27). Artificial Stupidity. *Salon*. https://www.salon.com/2003/02/26/loebner_part_one/

Swamp Ratte (1995, June 4). Statement Concerning the "Church" of Scientology. https://web.archive.org/web/20060316225036/https://www.cultdeadcow.com/news/scientology.txt

Swanstrom, L. (2019, December 15). Climate Bot Panegyric: An Interview with Nigel Leck. https://electronicbookreview.com/essay/climate-bot-panegyric-an-interview-with-nigel-leck/

Sweigart, A. (2015, January 8). Programming a Bot to Play the "Sushi Go Round" Flash Game – The Invent with Python Blog. http://inventwithpython.com/blog/2014/12/17/programming-a-botto-play-the-sushi-go-round-flash-game/

Takahashi, D. (2020, October 20). Genies Will Let Consumers Create Their Own 3D Avatars with Giphy and Gucci. *VentureBeat*. https://venturebeat.com/2020/10/20/genies-will-let-consumers-createtheir-own-3d-avatars-with-giphy-and-gucci/

Tarnoff, B. & Weigel, M. (2020). Voices from the Valley Tech Workers Talk About What They Do – And How They Do It. *FSGO /Logic*.

Thomas, K., Grier, C. & Paxson, V. (2012). Adapting Social Spam Infrastructure for Political Censorship. *Proceedings of the 5th USENIX Conference on Large-Scale Exploits and Emergent Threats*, 13.

Thurman, N., Lewis, S. C. & Kunert, J. (2019). Algorithms, Automation, and News. *Digital Journalism*, 7(8), 980–992. https://doi.org/10.1080/21670811.2019.1685395

Toor, A. (2016, October 13). This Twitter Bot is Tracking Dictators' Flights in and out of Geneva. *The Verge*. https://www.theverge.com/2016/10/13/13243072/twitter-bot-tracks-dictator-planesgeneva-gva-tracker

Triquet, F. (2016, September 1). Bots In The Gaming World: What, Who, How And Why? SAP Conversational AI Blog. https://cai.tools.sap/blog/bot-in-video-games/

Tufekci, Z. (2017). *Twitter and Tear Gas: The Power and Fragility of Networked Protest*. Yale University Press.

Turing, A. (1950). Computing Machinery and Intelligence. *Mind*, 49(236), 433–460.

Turner, B. S. (ed.). (2009). Chapter Seven: Actor Network Theory and Material Semiotics. In *The New Blackwell Companion to Social Theory*. Wiley-Blackwell.

Turner, F. (2006). *From Counterculture to Cyberculture*. University of Chicago Press.

United States Cybersecurity & Infrastructure Security Agency (2016, October 17). Heightened DDoS Threat Posed by Mirai and Other Botnets. https://us-cert.cisa.gov/ncas/alerts/TA16-288A

University of Reading (2014, June 8). Turing Test Success Marks Milestone in Computing History. http://www.reading.ac.uk

Veale, T. & Cook, M. (2018). *Twitterbots: Making Machines that Make Meaning* (1st edn.). MIT Press.

Volchek, D. & Sinclair, D. (2015, March 25). *One Professional Russian Troll Tells All*. RadioFreeEurope/RadioLiberty. https://www.rferl. org/a/how-to-guide-russian-trollingtrolls/26919999.html

Voon, C. (2015, July 17). A Twitter Bot That Generates Beautiful, Imaginary Moths. *Hyperallergic*. https://hyperallergic.com/222029/a-twitter-bot-that-generates-beautiful- imaginary-moths/

Walker, J. (2019, December). Chatbot Comparison – Facebook, Microsoft, Amazon, and Google. *Emerj*. https://emerj.com/ai-sector-overviews/chatbot-comparison-facebook-microsoft-amazon-google/

Warwick, K. & Shah, H. (2016). Can Machines Think? A Report on Turing Test Experiments at the Royal Society. *Journal of Experimental & Theoretical Artificial Intelligence*, 28(6), 989–1007. https://doi. org/10.1080/0952813X.2015.1055826

WashPostPR (2018, March 23). The Post's Heliograf and ModBot Technologies take First Place in 2018 Global BIGGIES Awards. *Washington Post*. https://www.washington post.com/pr/wp/2018/03/23/the-posts-heliograf-and-modbot-technologies-take-firs t-place-in-2018-global-biggies-awards/

Watts, C. & Hwang, T. (2020, September 10). Opinion | Deepfakes are Coming for American Democracy. Here's How We Can Prepare. *Washington Post*. https://www. washingtonpost.com/opinions/2020/09/10/deepfakes-are-coming-american-democ racy-heres-how-wecan-prepare/

Weizenbaum, J. (1966). ELIZA – A Computer Program For the Study of Natural Language Communication Between Man and Machine. *Communications of the ACM*, 9(1), 36–45.

Weizenbaum, J. (1976). *Computer Power and Human Reason: From Judgment to Calculation*. W.H. Freeman and Company.

White, G. L. (2015, March 1). Boris Nemtsov's Career Traces Arc of Russia's Dimmed Hopes for Democracy. *Wall Street Journal*. https://www.wsj.com/articles/boris-nemtsovs-career-traces-arc-of-russiasdimmed-hopes-for-democracy-1425168024

Williams, J. (2018, May 22). Should AI Always Identify Itself? It's More Complicated Than You Might Think. Electronic Frontier Foundation. https://www.eff.org/deeplinks/ 2018/05/should-ai-alwaysidentify-itself-its-more-complicated-you-might-think

Wilson, J. (2020, January 31). US Neo-Nazi Faces $12.9m Fine for Sending Racist Robocalls. *Guardian*. https://www.theguardian.com/us-news/2020/jan/31/us-fcc-neo-nazi-fine-robocalls

Winner, L. (1980). Do Artifacts Have Politics? *Daedalus*, 109(1), 121–136.

Wolchover, N. (2011, September 7). How the Cleverbot Computer Chats like a Human. NBC News. https://www.nbcnews.com/id/wbna44434584

Wong, J. C. (2019, August 23). Document Reveals how Facebook Downplayed Early Cambridge Analytica Concerns. *Guardian*. https://www.theguardian.com/ technology/2019/aug/23/cambridge-analytica-facebook-response-internal-document

Woodford, C. (2005). *The Internet: A Historical Encyclopedia* (vol. 2). ABC-CLIO. https://bo oks.google.com/books?id=qi-ItIG6QLwC& pg=RA2-PA135&lpg=RA2-PA135&dq=us enet+bots&source=bl&ots=uAOKyrL4EF&sig=ACfU3U3AIDrT4C33ojFBN3K_ekvAzc 63MQ&h l=en&sa=X&ved=2ahUKEwiOt5PttoDtAhWJsZ4KHZofAxYQ6AEw D3oEC AsQAg#v=onepage&q=usenet%20bots&f=false

Wooldridge, M. (2020). *A Brief History of Artificial Intelligence*. Flatiron Books.

Woolley, S. (2017, April 10). Bots Aren't Just Service Tools – They're a Whole New Form of Media. Quartz. https://qz.com/954255/bots-are-the-newest-form-of-new-media/

Woolley, S. (2020). The Reality Game: How the Next Wave of Technology Will Break the Truth. *PublicAffairs*.

Woolley, S. C. (2018). *Manufacturing Consensus: Computational Propaganda and the 2016 US Presidential Election*. University of Washington.

Woolley, S. C. (2020). Bots and Computational Propaganda: Automation for Communication and Control. In J. A. Tucker & N. Persily (eds.), *Social Media and Democracy: The State of the Field, Prospects for Reform* (pp. 89–110). Cambridge University Press. https://www.cambridge.org/core/books/social-media-and-democracy/bots-andcomputational-propaganda-automation-for-communicationand-control/A15EE25C278B442EF00199AA660BFADD

Woolley, S. C. & Guilbeault, D. (2017, May). *Computational Propaganda in the United States of America: Manufacturing Consensus Online*. The Computational Propaganda Project. https://comprop.oii.ox.ac.uk/research/working-papers/computational-propaganda-in-the-unitedstates-of-america-manufacturing-consensus-online/

Woolley, S. C. & Howard, P. N. (2019). *Computational Propaganda: Political Parties, Politicians, and Political Manipulation on Social Media*. Oxford University Press.

Woolley, S. C., Pakzad, R. & Monaco, N. (2019, June 21). *Incubating Hate: Islamophobia and Gab*. The German Marshall Fund of the United States. http://www.gmfus.org/publications/incubating-hate-islamophobia-and-gab

Woolley, S. & Guilbeault, D. (2016, November 1). How Twitter Bots Are Shaping the Election. *The Atlantic*. https://www.theatlantic. com/technology/archive/2016/11/election-bots/506072/

Woolley, S. & Howard, P. (2016, May 15). Bots Unite to Automate the Presidential Election. *Wired*. https://www.wired.com/2016/05/twitterbots-2/

Woolley, S. & Hwang, T. (2015, May 14). Bring on the Bots. *Civicist*. https://civichall.org/civicist/bring-on-the-bots/

Woolley, S. & Monaco, N. (2020, July 24). *Amplify the Party, Suppress the Opposition: Social Media, Bots, and Electoral Fraud*. Georgetown Law Technology Review. https://georgetownlawtechreview.org/amplify-theparty-suppress-the-opposition-social-media-bots-and-electoral-fraud/GLTR-07-2020/

Woolley, S., Shorey, S. & Howard, P. (2018). The Bot Proxy: Designing Automated Self Expression. In *A Networked Self and Platforms, Stories, Connections* (pp. 59–76). Routledge: Taylor and Francis Group. https://doi.org/10.4324/9781315193434-5

Yang, Z., Wilson, C., Wang, X., Gao, T., Zhao, B. Y. & Dai, Y. (2014). Uncovering Social Network Sybils in the Wild. *ACM Transactions on Knowledge Discovery from Data (TKDD)*, 8(1), 1–29.

York, G. (2012, February 1). Buying a Better Image: African Leaders Enlist US Agencies for Pricey Reputation Makeovers. *The Globe and Mail*.

Zadeh, L. A. (1965). Fuzzy Sets. *Information and Control*, 8(3), 338–353. https://doi.org/10.1016/S0019-9958(65)90241-X

Zarka, L. (2018, November 26). The Rise of the Robot Therapist. *Medium*. https://thebolditalic.com/the-rise-of-the-robot-therapist-459b20f770a9

Zegart, A. & Morell, M. (2019, May). Spies, Lies, and Algorithms. *Foreign Affairs*. https://www.foreignaffairs.com/articles/2019-04-16/spies-lies-and-algorithms

Zi, C., Gianvecchio, S., Wang, H. & Jajodia, S. (2010). Who is Tweeting on Twitter: Human, Bot, or Cyborg? *Proceedings of the 26th Annual Computer Security Applications Conference*, 21–30. https://www.eecis.udel.edu/~hnw/paper/acsac10.pdf

Zuboff, S. (2019). *The Age of Surveillance Capitalism: The Fight for a Human Future at the New Frontier of Power* (main edn.). Profile Books.

Zuckerberg, M. (2017, September 27). *Facebook Post*. Facebook. https://www.facebook.com/zuck/posts/10104067130714241

역자 후기

> 어느 날 두 사람이 하숙을 치고 있던 집의 주인이 급사했다. 얼마 뒤 부둣가에 새로 생긴 가건물이 하숙집으로 등장했다. 어느 날 그 가건물에 불이 났다.
>
> _≪동아일보≫, 2022년 10월 24일 자

내용이 다소 뒤죽박죽인 이 인용문은 카카오브레인이 2022년 10월 13일 공개한 글로, 글을 창작하는 AI 코GPTKoGPT가 쓴 내용이다. 또한 최근 이스라엘 역사학자 유발 하라리의 책 『사피엔스』가 출간 10주년을 맞아 낸 특별판의 서문에는 인공지능 GPT-3가 쓴 서문이 실려 화제를 모았다. 하라리는 인공지능의 글에 대해 "잡동사니가 섞인 잡탕"이라면서도 "우리가 알던 방식의 인류 역사가 끝났다는 신호"라며 놀라움을 표했다. 이뿐만이 아니다. 2022년 말 베타버전으로 출시된 챗 GPT를 이 책에서 소개한 내용은 더욱 충격적이다. "어떤 주제를 입력하더라도 1분 안에 수백만 개의 이야기를 설득력 있게 만들어낼 수 있는 봇은 오늘날 우리가 상상할 수 있는 것과는 다른 규모로 허위 정보를 만들어낸다. 이것이 개인을 목표로 하는 온라인 데이터에 대한 인공지능의 향상된 분석과 합쳐지면 그 가능성은 솔직히 말해 매우 무섭다." 이것이 우리가 지금 경험하고 있는 봇의 세계이다.

내 기억으로는 컴퓨터가 일반인의 일상생활에 들어와 활용되기 시작한 것은 50년쯤 된 듯하다. 내가 대학생이던 1970년대에는 교양과목으로 코볼COBOL, 포트란FORTRAN을 배웠다. 데스크톱 단말기가 타자기를 대체하고 워드와 엑셀로 모든 자료를 만들기 시작한 지도 30년이 훌쩍 넘었다. 그 후 인터넷과 월드 와이드 웹이 일상화되고 무선통신의 속도가 경탄스러울 정도로 빨라지고 스마트폰이 보급됨에 따라 다양한 컴퓨팅, 통신, 커뮤니케이션은 모든 이의 손 안에서 일상화되었다. 비교적 최근인 2017년에는 한국에서도 대통령 선거에서 댓글 조작 봇을 이용한 드루킹 사건이 일어나기도 했다. 당시에는 다소 생소하게 들렸지만 이는 분명 간단한 봇 조작에 의한 합의 조작 행위였다. 이처럼 봇을 악용하는 것이 향후 세상에 끼칠 해악은 일일이 헤아리기 힘들며 그런 악용을 규제하고 방지하는 것은 여간 어려운 일이 아니다.

봇은 인간을 대신해서 특정 과제를 수행하도록 코딩되어 있는 프로그램일 뿐이다. 그러나 컴퓨팅 능력이 급속히 발전하고 통신 및 소셜미디어의 활용이 확대되면서 봇의 영향력 역시 만든 이들의 기대까지 넘어설 정도로 통제 불가능해졌다. 머신 러닝, 심층 학습까지 추가된 현실에서 봇의 부작용까지 염두에 두면 골치가 아플 지경이다.

인간에게 자유의지를 부여한 후 인간의 경거망동에 쓴 웃음을 짓고 있을 신의 모습이 떠오른다. 하지만 이러한 발전이 우리가 감당해야 할 현실이라면 우리는 마땅히 적극적으로 대응해 나가야 한다.

도전에 적극 대응하면서 발전해 나가는 것이 인류의 숙명이기에 이 책은 봇의 종류, 용도, 문제점, 그리고 봇의 미래에 대해 간략히 정리해서 보여주고 있다. 이 책이 봇에 대해 적극적으로 대응하고 활용하는데 도움이 되기를 바란다.

어차피 봇과 인공지능이 현실화될 수밖에 없다면 이를 보다 적극적으로 이해하고 활용하는 것, 다양한 악용과 오용에 철저히 대비하는 것이 현대인의 자세일 것이다.

지은이

닉 모나코(Nick Monaco)

미부로 솔루션즈(Miburo Solutions)의 최고 혁신 임원이자 중국 연구 책임자

새뮤얼 울리(Samuel Woolley)

텍사스대학교 오스틴의 저널리즘 미디어 학부 조교수

옮긴이

전주범

서울대학교 경영학과 졸업, 대우전자 대표이사, 서울대학교 공과대학 초빙 교수, 한국예술종합학교 예술경영학과 교수 역임

역서: 『한자무죄, 한자 타자기의 발달사』, 『도서 전쟁: 출판계의 디지털 혁명』, 『흥미로운 무선 이야기』, 『오디오북의 역사: 알려지지 않은, 말하는 책 이야기』 등

한울아카데미 2462

봇 이야기

소설 봇에서 생성형 AI까지

지은이 | 닉 모나코·새뮤얼 울리
옮긴이 | 전주범
펴낸이 | 김종수
펴낸곳 | 한울엠플러스(주)
편집 | 신순남

초판 1쇄 인쇄 | 2023년 7월 5일
초판 1쇄 발행 | 2023년 7월 20일

주소 | 10881 경기도 파주시 광인사길 153 한울시소빌딩 3층
전화 | 031-955-0655
팩스 | 031-955-0656
홈페이지 | www.hanulmplus.kr
등록번호 | 제406-2015-000143호

Printed in Korea.
ISBN 978-89-460-7463-7 93500(양장)
978-89-460-8264-9 93500(무선)

※ 책값은 겉표지에 표시되어 있습니다.
※ 무선제본 책을 교재로 사용하시려면 본사로 연락해 주시기 바랍니다.